DIE BERECHNUNG VON REGENWASSERABFLÜSSEN

Ein Leitfaden für Studierende und Ingenieure der Praxis

von

DR.-ING. DIETRICH KEHR

Beratender Ingenieur in Hannover

Veröffentlichung der Abwasserfachgruppe
der Deutschen Gesellschaft für Bauwesen

Mit 24 Abbildungen und 10 Zahlentafeln

MÜNCHEN UND BERLIN 1933
VERLAG VON R. OLDENBOURG

Druck von R. Oldenbourg, München und Berlin.

Vorwort.

Seit der im Jahre 1912 erschienenen Arbeit Dr. Breitungs »Die Auswertung von Regenbeobachtungen« ist über die Berechnung von Regenwasserabflüssen keine zusammenfassende Darstellung veröffentlicht worden. In der Nachkriegszeit hat das Fachwissen gerade in den Grundlagen der Kanalisationsberechnung erhebliche Fortschritte gemacht, die in vielen Einzelarbeiten niedergelegt sind. Dem Verfasser schien deshalb ein Bedürfnis nach einer neuen zusammenfassenden Darstellung des Materials zu bestehen.

Die vorliegende Arbeit ist als Leitfaden gedacht. Es ist deshalb vor allem Wert auf Kürze und Anschaulichkeit gelegt worden. Auf die Erörterung mancher an sich wertvoller Verfahren, die mit einem erheblichen Aufwand an theoretisch mathematischen Ableitungen belastet sind, ohne jedoch ein wesentlich genaueres Ergebnis als einfachere Verfahren zu haben, mußte deshalb verzichtet werden. Aus seiner praktischen Tätigkeit ist dem Verfasser bekannt, daß komplizierte Rechnungsverfahren für die Praxis des städtischen Tiefbauamtes wertlos, daß vielmehr bei dem Mangel an Hilfskräften möglichst einfache Verfahren am Platze sind, deren Genauigkeit mit der Genauigkeit der verfügbaren Unterlagen im Einklang steht.

Das über den Abflußbeiwert vorgetragene Material konnte noch nicht zu schlüssigen Ergebnissen geführt werden. Die Durchführung weiterer eingehender Versuche an in Betrieb befindlichen Entwässerungsnetzen ist wünschenswert. Die vorliegende Arbeit möchte dazu anregen, solche Versuche allgemeiner durchzuführen.

Die Arbeit stellt eine Gemeinschaftsarbeit dar, die nicht zuletzt durch die Arbeiten der Abwasserfachgruppe der Deutschen Gesellschaft für Bauwesen gefördert werden konnte. Wertvolle Anregungen, für die der Verfasser zu außerordentlichem Dank verpflichtet ist, wurden von den Herren Stadtbaurat Professor Dr.-Ing. Heilmann, Halle, Oberbaurat Direktor Langbein, Berlin, Stadtbaurat Dr.-Ing. Trauer, Breslau, und Stadtamtsbaurat Dr.-Ing. Reinhold, Dresden, gegeben.

Herrn Stadtbaurat Professor Dr.-Ing. Heilmann ist der Verfasser noch zu besonderem Danke für die freundliche Unterstützung bei der Drucklegung der Arbeit verpflichtet.

Hannover, im Frühjahr 1933.

Dietrich Kehr.

Inhaltsverzeichnis.

Meteorologische Grundlagen.

Niederschläge.

Das Wasser, das sich auf der Erdoberfläche bewegt, ist einem Kreislauf unterworfen; es steigt über den Meeren infolge der durch die Sonnenenergie hervorgerufenen Verdunstung auf, treibt über das Festland, um hier wieder als Regen, Hagel, Schnee zu fallen und auf vielerlei Wegen zum Meere zurückzufließen. Nach Abzug der Wassermengen, die auf dem Luftwege vom Festlande nach den Meeren zurückgelangen, entspricht die vom Festlande als Oberflächen- und Grundwasser dem Meere zufließende Wassermenge der dem Festlande vom Meere zugeführten. Die Luft über dem Festlande erhält ihren Wassergehalt also zunächst durch »Meereszufuhr«, dann aber auch durch Verdunstung über dem Festlande selbst. Die aus der Meereszufuhr stammenden Niederschläge nehmen naturgemäß mit der Entfernung von der Küste ab. Die Landverdunstung ist in den Sommermonaten infolge der höheren Temperaturen (größeres Sättigungsdefizit) größer als im Winter. Die starken Regenfälle der Sommermonate stammen in der Regel aus der Landverdunstung, sie entstehen durch Abkühlen der Luft unter den Sättigungsgrad. Der Wassergehalt der gesättigten Luft beträgt pro m³ bei

Temperatur in °C:

−20°	−10°	+ 0°	+10°	+20°	+30°
etwa 1,1	2,3	4,8	9,4	17,2	30,2 g.

Bei einer Abkühlung von mit Wasser gesättigter Luft von 30° auf 20° C werden also 13 g Wasser pro m³ als Regen ausgeschieden. Bei einer Abkühlung von 10° auf 0° aber nur 4,6 g/m³. Hieraus folgt die größere Stärke von Regenfällen in wärmeren Regionen und wärmeren Jahreszeiten.

Nach Wussow (1) begünstigen seenreiche Gebiete, Flußniederungen und Moore das Zustandekommen stärkerer Regen. Über Wald fällt in der Regel mehr Regen als auf freiem Felde, weil die über dem Walde entstehende Luftabkühlung (Verdunstung vom Laubdach) regenbildend wirkt. Es fallen über Nadelwald etwa 10%, über Laubwald etwa 5% mehr Regenmengen als über dem freien Felde. Doch hat diese Tatsache auf die Intensität von Starkregen anscheinend weniger Einfluß.

Regen entstehen allgemein, wenn die Luft sich infolge geringeren Druckes ausdehnt, dabei Arbeit verrichtet und Wärme verbraucht oder wenn die wasserführenden Luftströmungen gezwungen sind, z. B. vor Bergen aufzusteigen und so in kältere Luftschichten kommen oder wenn

Luft einem barometrischen Tief von allen Seiten zuströmt und den Überschuß zum Aufsteigen in höhere Regionen und damit zur Abkühlung zwingt oder wenn schließlich ein Wechsel der Windrichtung eine warme, mit Wasserdampf angereicherte Luftströmung mit einer kalten zusammenführt.

Auf die Tatsache der größeren Regenhöhe auf der sog. »Regenseite« eines Gebirges, die dem Zuge der regenbringenden Wolken entgegenliegt, gegenüber der »Regenschattenseite« in Lee der Berge sei kurz hingewiesen. Während die höheren Lagen der Erdoberfläche insgesamt mehr Regen erhalten, eine größere »Regenhöhe« haben, so sind sie in der Regel an den kurzen, heftigen Starkregen doch weniger beteiligt, weil die Temperatur der Luft und damit ihr maximaler Wassergehalt in der Tiefebene höher ansteigt als in den höheren Lagen. Dasselbe gilt auch von den Küstengegenden, wo der Einfluß des Meeres ausgleichend auf die Temperaturen wirkt. In den Küstengebieten überwiegt der gleichmäßigere Regenfall aus der »Meereszufuhr«. Küstengebiete haben in der Regel auch insgesamt eine größere Regenhöhe, weil die Meereswinde vom Meere her gesättigte oder nahezu gesättigte Luft auf das Festland bringen, die bei geringer Abkühlung Niederschläge auslöst. Nach Hellmann (2), der sich auf Beobachtungen in Schlesien und Norddeutschland stützt, kann man deshalb unter gewissen Voraussetzungen verallgemeinern, daß Gebiete mit einer hohen jährlichen Regenhöhe weniger von Starkregen betroffen werden als Gebiete mit niedriger jährlicher Regenhöhe. Diese Schlußfolgerung blieb aber, wie hier erwähnt werden muß, durch Beobachtungen Haeusers (3) in Bayern unbestätigt, da hier eine Abhängigkeit der Starkregenhäufigkeit von der geographischen Lage, insbesondere von der Meereshöhe nicht festgestellt werden konnte[1]).

Die Regenhöhen in Deutschland hat Hellmann (4) zusammengestellt. Danach steigt die mittlere jährliche Regenhöhe von 400 mm in Ostdeutschland an bis zu 2600 mm im bayerischen Allgäu. Im Mittel beträgt die Regenhöhe in Norddeutschland 640 mm, in Süddeutschland 830 mm.

Nach Hellmann fallen von der jährlichen Regenmenge in den Monaten:

	Min.-%/0	Max.-wert %/0	Mittel-%/0
November	5,4	— 10,0	8
Dezember	5,3	— 12,4	9
Januar	4,0	— 9,0	7
Februar	3,9	— 9,7	6
März	5,2	— 9,7	7
April	5,0	— 7,6	6

---

[1]) Eine Unterscheidung der Sturzregen in »Platzregen« und »Starkregen«, wie sie Häuser in seiner Arbeit vom meteorologischen Standpunkte durchgeführt hat, erscheint für die Zwecke des Kanalisationsingenieurs unnötig. Eine Klassifikation nach der Intensität wird durch die später entwickelten Regenreihen verschiedener Häufigkeit erreicht.

	Min.- %	Max.- wert %	Mittel- %
Mai	5,8 —	10,8	8
Juni	5,8 —	13,6	10
Juli	8,1 —	16,1	12
August	8,0 —	13,5	10
September	6,9 —	11,0	9
Oktober	6,7 —	11,2	8
im Winter	32,4 —	45,3	43
im Sommer	45,3 —	67,6	57

Über die jahreszeitliche Verteilung von Starkregenfällen hat Haeuser (3) Beobachtungen aus Bayern veröffentlicht, aus denen hervorgeht, daß

76,5% aller Platzregen auf den Sommer,
18,5% » » » » Frühling,
4,9% » » » » Herbst,
0,2% » » » » Winter

entfallen. Auf halbjährliche Zeiträume berechnet, fallen 99,5% aller Platzregen im Sommer und nur 0,5% im Winter. Die größte Häufigkeit kurzer, starker Regenfälle weisen die Monate Juni und Juli auf. Zwischen Regendauer und Regenstärke besteht die bekannte Beziehung, daß die Regenstärke mit wachsender Regendauer abnimmt. Starkregen dauern also nur kurze Zeit an.

Aus den Beobachtungen Wussows (5) über große Tagesmengen des Niederschlages geht hervor, daß u. a. im Jahre 1910 636 Fälle von Niederschlägen über 50 mm beobachtet worden sind, in dem trockenen Jahre 1911 aber nur 92 Fälle.

Solche Unregelmäßigkeiten in der Häufigkeit von Starkregen werden z. B. auch bewiesen durch Schwankungen im Wirken der Regenauslässe städtischer Kanalisationen. Die Regenauslässe Bramfelder Straße und Lombardsbrücke der hamburgischen Kanalisation wirkten z. B.:

	Bramfelder Straße	Lombardsbrücke
1926	8 ×	7 ×
1927	14 ×	9 ×
1928	17 ×	6 ×
1929	9 ×	3 ×
1930	11 ×	9 ×
1931	18 ×	17 ×

Im Jahre 1928 und 1931 hat der Regenauslaß Bramfelder Straße etwa doppelt so oft gewirkt als z. B. 1929. Der Regenauslaß Lombardsbrücke wirkte 1931 sogar etwa 6 mal so häufig als 1929.

Aus den angeführten Beispielen kann geschlossen werden, daß in der Meteorologie das Rechnen mit Mittelwerten z. B. der Regenhäufigkeit und Stärke nie absolute Erkenntnisse sondern immer nur relativ zu wertende

Anhaltspunkte liefern kann. Es kann also z. B. vorkommen, daß Kanalnetze, die auf eine jährlich einmal vorkommende Überregnung und Überstauung berechnet sind, jahrelang überhaupt nicht, dann aber in einem einzigen Jahre mehrfach überregnet werden.

Über die Unregelmäßigkeit, mit der die Niederschläge über das Jahr hinweg verteilt fallen, hat Hellmann (2) Untersuchungen veröffentlicht, aus denen hier interessiert, daß die längste ununterbrochene Reihe von Regentagen in Deutschland durchschnittlich 33, die der regenlosen Tage 45 betrug. Längere Perioden ohne Regen sind häufiger als solche mit Regen.

Versickerung und Verdunstung.

Es werden beeinflußt (6):

I. Die Verdunstungsmengen durch:
1. Die Farbe und Bedeckung des Bodens (Streudecke).
2. Die Größe und Lagerung der Bodenteilchen.
3. Das Material der Bodenteilchen.
4. Die Neigung der Bodenoberfläche und die Lage zu den Himmelsrichtungen.
5. Das Sättigungsdefizit der Luft.
6. Die Luftbewegung (Winde), überhaupt das Klima.
7. Die Tiefenlage des Grundwasserstandes.
8. Offene Speicherflächen.

Die Verdunstung wird wenig von den Niederschlägen beeinflußt:

II. Die Versickerung durch:
1. Die Durchlässigkeit und Lagerung des Bodenmaterials.
2. Den Wassergehalt des Bodens.
3. Die Neigung der Bodenoberfläche und ihre Lage zu den Himmelsrichtungen.
4. Die Verteilung der Niederschläge. — Von schwachen Regenfällen versickert relativ mehr als von Sturzregen.
5. Luftdruck und Temperatur und damit Verdunstungsgröße.
6. Die Farbe und Bedeckung des Bodens. — Hier spielt besonders die Oberflächenbefestigung bei städtischen Kanalisationen eine Rolle.

Die vielfach für größere Flußgebiete veröffentlichten Beobachtungen über Abfluß, Versickerung und Verdunstung haben für die Verhältnisse in dicht bebauten Städten nur geringe Bedeutung. Einiges soll hier aber trotzdem festgehalten werden: In den Flußgebieten der Memel, Weichsel und Weser beträgt im Mittel der Abflußbeiwert im Winter 43—56% der Niederschlagshöhe, im Sommer dagegen nur 16—21%. Der Abflußbeiwert ist im Winter also wesentlich höher als im Sommer[1]).

[1]) Der Abflußbeiwert φ wird hier nach Imhoff definiert als

$$\varphi = \frac{\text{Abflußmenge}}{\text{Einzugsfläche} \cdot \text{Regenintensität}} = \frac{\text{l/s}}{\text{ha} \cdot \dfrac{l}{\text{s} \cdot \text{ha}}}.$$

Während weiter oben gesagt war, daß Wald die Regenhöhe vergrößert, so übt er anderseits eine Verminderung des Abflusses aus. Es ist beobachtet (7), daß bis zu 40% des Gesamtniederschlages von den Baumkronen zurückgehalten werden und überhaupt nicht zum Abfluß kommen. Relativ stärker wirkt sich der Ausgleich durch die Baumkronen noch bei den kurzen, heftigen Starkregen aus, so daß bei Entwässerungsgebieten mit starkem Baumbestand weniger vorsichtig in der Wahl des Abflußbeiwertes vorgegangen werden kann.

Das Verdunstungs- und Versickerungsvermögen eines Gebietes steigt nun nicht im gleichen Maße wie die Regenintensität. Von jedem einzelnen Regen, mag er nun stark oder schwach sein, verdunstet und versickert vielmehr unter sonst gleichen Bedingungen in der Zeiteinheit nahezu die gleiche Menge. Folglich muß der prozentuale Versickerungs- und Verdunstungsanteil bei starken Regen kleiner sein als bei schwächeren Regen. Das wirkt sich vor allem bei großen Intensitätsunterschieden aus, wie sie bei Starkregen von kurzer Dauer vorkommen. Der Abflußbeiwert steigt also mit der Regenintensität.

Die Versickerungsgeschwindigkeit v folgt dem Darcyschen Gesetze:

$$1) \quad v = k \frac{h+l}{l},$$

worin k in cm/s einen von der Bodenbeschaffenheit abhängigen Beiwert, $h+l$ die volle Druckhöhe von der Unterkante des Sickerwassers bis zur Wasseroberfläche und l die Höhe der durchsickerten Bodensäule bedeuten. v nimmt nach Gleichung (1) mit wachsendem l ab. Ein Gebiet verschluckt nach langer Trockenperiode ($l \approx 0$) in der ersten Zeit des Regenfalles ungleich mehr Wasser als nach einer gewissen Regendauer, nachdem bereits eine größere Bodenschicht l mit Wasser durchtränkt ist. Bei längere Zeit andauerndem Regen tritt also nach einer gewissen Zeit in dem Wasseraufnahmevermögen sowohl der Luft (Verdunstung) als auch des Bodens (Versickerung) ein Sättigungszustand ein. Dadurch wird bei länger dauerndem Regen eine Steigerung des Abflußbeiwertes mit der Regendauer (also mit sinkender Regenintensität) bewirkt. Das darf aber nicht dazu verleiten, die Versickerung bei kurzen Starkregen als sehr groß und infolgedessen den Abfluß klein anzunehmen, weil kurze Starkregen in der Hälfte aller Fälle einen mehr oder weniger lange dauernden Vorläufer haben, der eine Wassersäule von gewisser Höhe im Boden bereits erzeugt.

Die Berechnung von Regenwasserabflüssen.

Die Bedeutung der Frage der Regenwasserbelastung städtischer Kanalisationsrohrnetze wird entscheidend durch die Wahl des Entwässerungssystems beeinflußt.

Bei der Planung einer Städtekanalisation nach dem Trennsystem hat die Schätzung der abzuleitenden Regenwassermengen geringere Bedeutung, weil alle Regenwasserleitungen in der Regel auf kurzem Wege in die Vorflut geleitet werden und infolge starker Regenfälle etwa eingetretene Überstauungen der Leitungen sich nicht auf größeres Gebiet erstrecken können. Dazu kommt ferner, daß die Regenwasserleitungen beim Trennsystem in der Regel in keinerlei Verbindung mit dem Innern der Häuser stehen, daß also Kellerüberschwemmungen, die in mischkanalisierten Städten alljährlich große Schäden verursachen, nicht vorkommen können. Um so verantwortungsvoller ist die richtige Berechnung der abzuleitenden Regenwassermengen bei Mischkanalisationen. Hier ist es nicht nur die soeben erwähnte Gefahr der Kellerüberschwemmungen, die zur Vorsicht zwingt, sondern auch die Gefahr unangenehmer Straßenüberschwemmungen mit Mischwasser und die etwaigen Schädigungen der Vorflut, die dadurch entstehen können, daß für die Wirkung der Regenauslässe Schmutz- und Regenwassermengen nicht im richtigen Verhältnis stehen. Beim Mischsystem ist es eben so, daß ein Fehler in der Annahme der abzuleitenden Regenwassermengen sich infolge der größeren Sammlergebiete vielfach summiert und damit auch die Möglichkeiten zur Schadenswirkung summiert werden.

Für die Bestimmung der Regenwassermengen ist der jährliche Durchschnitt des gefallenen Regens, die sog. »Regenhöhe« ohne Einfluß. Auch ein Tagesdurchschnitt oder auch nur die während stärkerer Einzelregen gefallenen Wassermengen genügen nicht für die Berechnung von Kanalisationsrohrnetzen. Es kommt vielmehr auf die kurzen Starkregen, »Sturzregen« oder »Platzregen« genannt, und ihre Häufigkeit an, weil diese Regen in kurzen Zeiträumen verhältnismäßig große Wassermengen liefern.

Die Bauverwaltungen unserer großen mischkanalisierten Städte haben die Bedeutung richtiger Annahmen der Regenwasserbelastung früh erkannt. Neben einem umfassenden Schrifttum liegen verschiedene Berechnungsverfahren und eine Reihe von Versuchsergebnissen vor.

Der Regenmesser.

Alle Überlegungen über Regenwasserabflüsse haben auszugehen von tatsächlichen Messungen gefallener Regen. Für solche Regenmessungen hat der gewöhnliche Hellmannsche Regenmesser wenig Wert, weil die mit ihm erzielte Meßgenauigkeit durchaus von der Sorgfalt des Beobachters abhängt und weil mit ihm vor allem nur die gesamte während eines Regens gefallene Wassermenge gemessen wird, nicht aber die Intensität des Regenfalles in einzelnen Zeitabschnitten. Kurze heftige Starkregen fallen aber häufig innerhalb eines lange dauernden schwächeren Regens, und Intensität und Dauer dieser Starkregen können mit dem gewöhnlichen Regenmesser dann nicht festgestellt werden. Für genaue Messungen ist ein selbstschreibender Regenmesser erforderlich, aus dessen Schreibkurve die Regenintensität für jede Regendauer und zu jedem beliebigen Zeitpunkte abgelesen werden kann.

Ein solcher selbstschreibender Regenmesser ist in Abb. 1 schematisch dargestellt, er zeichnet die Niederschlagshöhe als Ordinate zur Zeitabszisse auf. Das Sammelgefäß dient gleichzeitig als Meßgefäß, bei n mal kleinerem Querschnitt als der Auffangtrichter wird durch einen Schwimmer S die Regenhöhe n mal vergrößert auf dem durch ein Uhrwerk in Umdrehung versetzten Registrierstreifen r gezeichnet. Nach je 10 mm Regenhöhe wird der Inhalt des Sammelgefäßes durch einen kleinen Heber H selbsttätig abgehebert.

Der normale Hellmannsche Regenschreiber hat einen n-Wert von 8,2, so daß 1 mm tatsächlicher Regenhöhe als 8,2 mm auf dem Registrierstreifen abgezeichnet werden. Diese Anzeige ist unnötig groß. Anderseits sind Trommeldurchmesser und Umlaufgeschwindigkeit so eingerichtet, daß das Zeitintervall 1 min auf dem Registrierstreifen als 0,265 mm erscheint. Die Zeitanzeige ist reichlich klein, da Ablesefehler bis zu $\frac{1}{2}$ mm $=$ 2 min wohl möglich sein können.

Abb. 1. Regenschreiber.

Auf dem Registrierstreifen werden die Regenhöhe (absolut) h in mm und die Regendauer t_r in Minuten abgelesen. Dann ist die Intensität i

$$i = \frac{h}{t_r} \text{ in mm/min,}$$

oder wenn i in l/s/ha statt mm/min

$$2) \quad i = \frac{h}{1000} \cdot \frac{10\,000 \cdot 1000}{60 \cdot t_r} = 166{,}67 \, \frac{h}{t_r} \text{ l/s/ha.}$$

In Gleichung (2) müssen h in mm und t_r in min eingesetzt werden, um i in l/s/ha zu erhalten!

Für die Fehlerbestimmung gilt, wie leicht nachzuweisen:

$$3) \quad -di = \frac{i}{t_r} \cdot dt_r.$$

Der Fehler di in der Intensitätsberechnung wächst demnach mit zunehmendem i und abnehmendem t_r.

Bei einem Ablesefehler von $dt_r = \frac{1}{4}$ mm $=$ rd. 1 min ergibt sich z. B. der Intensitätsfehler bei:

$$t_r = 5 \text{ min zu } di = \frac{1}{5} \cdot i = 20\%$$
$$t_r = 8 \text{ min zu } di = \frac{1}{8} \cdot i = \text{rd. } 12\%$$
$$t_r = 10 \text{ min zu } di = \frac{1}{10} \cdot i = 10\%.$$

Solche Ablesefehler lassen bei der Auswertung der kurzen Starkregen unter etwa 10 min Dauer u. U. eine Verbesserung der Originalform des Hellmannschen Regenschreibers wünschenswert erscheinen — wenn man sich nicht mit einer geringsten Regendauer von 10 min bei der Aufstellung einer Regenreihe begnügen will. Für eine Verbesserung des Hellmannschen Regenschreibers müßte das Zeitintervall vergrößert werden, während das

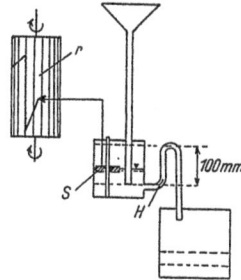

Regenhöhenintervall eine Verkleinerung verträgt. Dazu kann der Durchmesser der Schreibtrommel verdoppelt werden, wodurch der Umfang und das Zeitintervall verdoppelt werden. Weiter kann der Querschnitt des Schwimmergefäßes verdoppelt und dadurch die Regenhöhe halbiert werden; dann würden 1 mm Regenhöhe nur noch 4,1 mm Meßanzeige auf dem Registrierstreifen sein. Verschiedene Städte haben tatsächlich solche verbesserten Regenschreiber aufgestellt. Weiter unten wird noch gezeigt werden, daß für Städte mit normalen Geländegefällen die Rechnung mit einer kürzesten Regendauer von 10 min durchaus genügt. Für solche Städte reicht deshalb der Hellmannsche Regenschreiber in seiner Originalform aus.

Bei der Aufstellung von Regenmessern muß große Sorgfalt an den Tag gelegt werden, in Frankfurt a. M. sind z. B. bei 2 nur 80 m voneinander entfernten Regenmessern Abweichungen bis zu 54% (an sehr windigen Tagen) festgestellt. Der eine Regenmesser stand 30 m über der Erde exponiert, der andere hingegen 10 m über der Erde in geschützter Stellung. Der Regenmesser darf dem Winde nicht unmittelbar ausgesetzt sein, weil infolge des Luftstaues vor dem Apparat über dem Auffangtrichter eine raschere Luftströmung entsteht und auf diese Weise schwache Regentropfen leicht über den Messer hinweg geblasen werden. Eine Aufstellung von Regenmessern auf Dächern ist zu vermeiden, anderseits dürfen Regenmesser aber auch nicht unter Bäumen oder nahe an hohen Mauern aufgestellt werden, weil das ebenfalls zu Fehlern führt.

Um etwaige Fehler in der Aufstellung des Apparates möglichst rasch aufzufinden, ist es zweckmäßig, in der Nähe eines Regenschreibers noch einen gewöhnlichen Hellmannschen Regenmesser zur Kontrolle aufzustellen. Für größere Städte ist die Aufstellung mehrerer Regenschreiber erwünscht, die die Niederschläge in den verschiedenen Stadtgebieten registrieren. So haben z. B. Berlin (in der Kernstadt) 12, Hamburg 14, Danzig 7, München 6, Augsburg 5 und Nürnberg 6 Regenschreiber aufgestellt.

Die Auswertung der Registrierstreifen mit der Regenharfe oder mit einer Fluchttafel.

Aus dem Registrierstreifen werden Regenhöhe und Dauer abgelesen. Mit Hilfe der Gleichung (2) läßt sich dann die Intensität errechnen. Diese jedesmalige Anwendung der Gleichung (2) macht eine umständliche Rechenarbeit erforderlich. Deshalb sind graphische Verfahren erdacht worden, die diese Rechenarbeit ersparen. Am einfachsten ist die Benutzung einer Regenharfe nach Breitung (8). Eine solche Harfe besteht aus einem System nebeneinander angeordneter Geraden mit verschiedenen Neigungswinkeln und infolgedessen verschiedenen Intensitäten. Dieses Liniensystem wird unter Parallelhaltung der Achsen mit der Schreibkurve des Regenmessers zur Deckung gebracht und dann die jeweilige Intensität abgelesen.

Die Harfe wird wie folgt konstruiert: In der Gleichung (2) sind bei konstantem h alle Werte von t_r für beliebige Werte von i_r bekannt. Ist

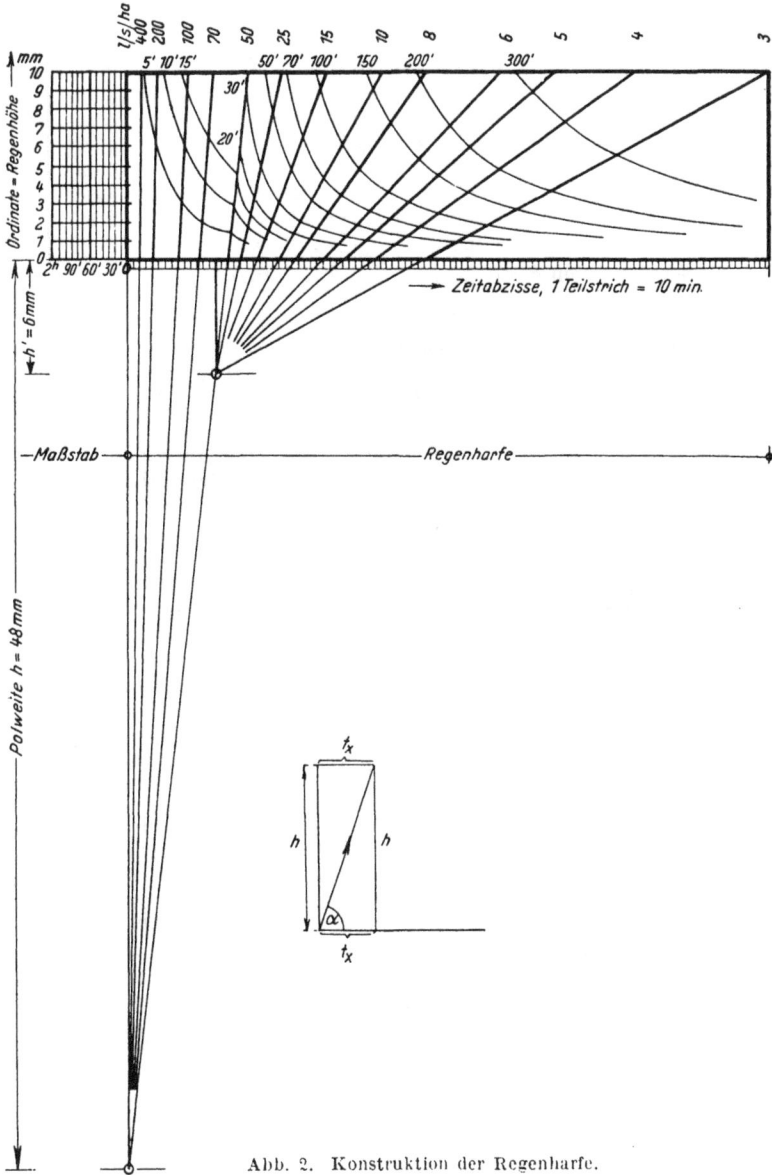

Abb. 2. Konstruktion der Regenharfe.

z. B. für $h =$ const $= 48$ mm, $i_x = 1000$ l/s/ha, so ist

$$t_x = \frac{166{,}67 \cdot h}{i_x} = \frac{166{,}67 \cdot 48}{1000} = 8 \text{ min,}$$

ebenso für:

$$
\begin{aligned}
i_x &= 800 \text{ l/s/ha,} & t_x &= 10 \text{ min} \\
i_x &= 500 \text{ »} & t_x &= 16 \text{ »} \\
i_x &= 400 \text{ »} & t_x &= 20 \text{ »} \\
i_x &= 200 \text{ »} & t_x &= 40 \text{ »} \\
i_x &= 100 \text{ »} & t_x &= 80 \text{ »} \\
i_x &= 50 \text{ »} & t_x &= 160 \text{ »}
\end{aligned}
$$

Für die Konstruktion der Regenharfe beachte man, daß

$$\frac{i_x}{C} = \text{tg } \alpha = \frac{h}{t_x}$$

ist. Die Auftragung der Harfe hat im Maßstab des Registrierstreifens zu erfolgen. Die i-Strahlen werden für die konstante Polweite h als Verbindungslinien des Pols mit den Zeitabszissen gezogen. Die Abb. 2 zeigt diese Konstruktion.

Für große Werte von t_x werden die Strahlen schlecht lesbar. Deshalb werden von einem gewissen t_x, z. B. von 160 min ab, die Strahlen für eine neue kleinere Polweite von z. B. $h = 6$ mm gezeichnet.

Für die neue Polweite $h = 6$ mm gilt dann:

$$t_x = \frac{166{,}67 \cdot 6}{i_x},$$

z. B.

$$i_x = 50 \text{ l/s/ha,} \quad t_x = \frac{166{,}67 \cdot 6}{50} = 20 \text{ min.}$$

Dieser Strahl deckt sich mit dem letzten der in obenstehender Aufstellung für die Polweite $h = 48$ mm angegebenen. Weiter wird für:

$$
\begin{aligned}
i_x &= 40 \text{ l/s/ha,} & t_x &= 25 \text{ min} \\
i_x &= 30 \text{ »} & t_x &= 33{,}3 \text{ min} \\
i_x &= 25 \text{ »} & t_x &= 40 \text{ min} \\
i_x &= 20 \text{ »} & t_x &= 50 \text{ min usw.}
\end{aligned}
$$

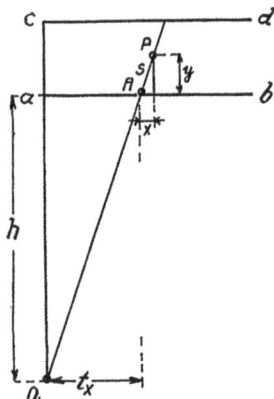

Abb. 3. Bestimmung des geometrischen Ortes der Punkte gleicher Regendauer.

So entsteht die in Abb. 2 dargestellte Regenharfe.

Um auch die Regendauer der auszuwertenden Regen mit derselben Harfe bequem ablesen zu können, empfiehlt es sich, in der Harfe den geometrischen Ort der Punkte gleicher Regendauer verschiedener Intensitätsstrahlen durch Kurven festzulegen.

In der Abb. 3 sei P der Punkt einer Kurve gleicher Regendauer x. Dann besteht folgende Beziehung:

$$y : x = h : t_x.$$

$$4) \quad y = \frac{h \cdot x}{t_x},$$

der Punkt P ist mit bekanntem y bekannt.

Nach Gleichung (2) ist $h = \dfrac{i_x \cdot t_x}{166,67}$, eingesetzt in Gleichung (4), gibt

$$5) \quad y = \frac{i_x \cdot t_x \cdot x}{t_x \cdot 166,67} = 0,006 \cdot i_x \cdot x.$$

Die Gleichung (5) gilt nach ihrer Ableitung nur für Strahlen mit konstantem h. Rechnet man für einen bestimmten Wert von x von z. B. 5 min Dauer und eine Reihe von Strahlen die entsprechenden Werte von y und verbindet die so gefundenen Punkte P miteinander, dann entsteht eine Kurve, die den geometrischen Ort der gleichen Regendauer (z. B. 5 min) auf den verschiedenen Strahlen darstellt.

Ist z. B. die Kurve für $x = 5$ min gesucht, so wird Gleichung (5) zu $y = 0,006 \cdot 5 \cdot i_x = 0,03 \, i_x$.

Ist auf diese Weise eine Kurve z. B. für 5 min Dauer punktweise ermittelt, dann können die Kurven für jede andere Dauer zeichnerisch leicht gefunden werden. Auf jedem i-Strahl verhalten sich die y-Werte wie die entsprechenden x-Werte. Ist z. B. y für $x = 5$ min errechnet, so ist für

$$x' = 10 \text{ min}, \quad y' = 2 \cdot y, \text{ für}$$
$$x'' = 20 \text{ min}, \quad y'' = 4 \cdot y.$$

Die Auftragung mit Zirkel und Maßstab ist einfach. In Abb. 2 sind die Kurven gleicher Regendauer eingetragen. Mit der Harfe nach Abb. 2 kann also nicht nur die Intensität, sondern auch gleich die Regendauer aller Regen der Schreibkurve des Regenmessers unmittelbar abgelesen werden.

Als ein Nachteil der Breitungschen Harfe wird von verschiedenen Seiten angesehen (9), (10), daß die Auswertung größerer Intensitäten nur ungenau durchzuführen ist, weil selbst geringe Neigungsunterschiede der Polstrahlen schon erhebliche Intensitätsunterschiede bedingen.

Da Intensitäten von über 200 l/s/ha immerhin nur seltener vorkommen, bedeutet es nach Ansicht des Verfassers keinen erheblichen Mehraufwand an Arbeitszeit, wenn diese wenigen Einzelregen mit der Harfe besonders vorsichtig ausgewertet werden. Tatsächlich ist ja auch in vielen Tiefbauämtern die Regenharfe ausschließlich in Gebrauch. Der Vollständigkeit halber soll hier aber auch die Anwendung einer Fluchttafel angegeben werden, wie sie als Ersatz der Breitungschen Regenharfe vorgeschlagen ist. Bezüglich der Konstruktion von Nomogrammen muß hier auf die Lehrbücher der Nomographie verwiesen werden. Eine solche Fluchttafel ist in Abb. 4 dargestellt (11). Für die Regenhöhe $h = 10$ mm und die Dauer $t = 10$ min wird z. B. die Intensität $i = 166,7$ l/s/ha gefunden. Damit ist die Handhabung der Fluchttafel erklärt.

Die mit der Harfe oder der Fluchttafel ausgewerteten Regen werden zweckmäßig in einer Zahlentafel zusammengetragen, für die etwa folgendes Schema verwendet werden kann:

1. Bei der Auswertung mit der Regenharfe.

Beobachtungsstelle:

Lfd. Nr. des Regens	Datum	Regendauer in min	Regenintensität in l/s/ha

2. Bei der Auswertung mit der Fluchttafel.

Beobachtungsstelle:

Lfd. Nr. des Regens	Datum	Des Regens		Dauer t in min	Regenhöhe h in mm	Intensität in l/s/ha
		Beginn	Ende			

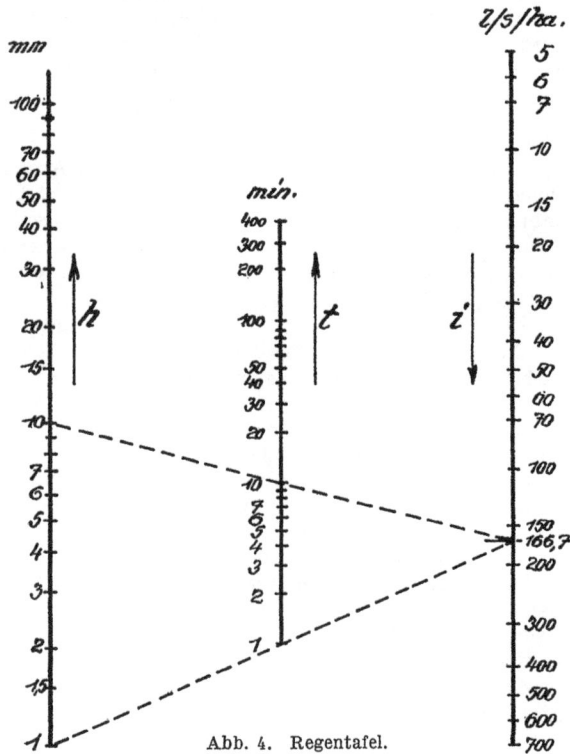

Abb. 4. Regentafel.

Zusammengehörige Regenwerte, die aus einem Regen, aber für Abschnitte verschiedener Dauer ausgewertet werden, werden mit derselben Nummer bezeichnet, um, wie später gezeigt wird, eine einwandfreie Berechnung der Häufigkeit zu ermöglichen.

Die Zerlegung und Auswertung der Schreibkurve.

Die Schreibkurve des Regenmessers zeigt nun nicht einfache Formen einer gleichbleibenden Intensität. Die Intensität ist vielmehr für Abschnitte der verschiedensten Regendauer Schwankungen unterworfen. Häufig laufen einem »Starkregen« Regen geringerer Intensität vor oder nach. In Berlin ist z. B. in 42 Fällen von 89 beobachteten festgestellt worden, daß den Starkregen Vorläufer von 5 min bis 2 h Dauer vorausgingen. In Hamburg hatten 68% aller Starkregen von 5 min Dauer einen mindestens 5 min dauernden Vorläufer, 55% einen mindestens 10 min dauernden Vorläufer und 46% einen mindestens 15 min dauernden Vorläufer. Aus den Beobachtungen Haeusers (3) geht hervor, daß in 45% aller Fälle Starkregen einen mehr oder weniger starken Vorläufer hatten. Haeuser stellt allerdings fest, »daß die größten Intensitätswerte mit um so größerer Wahrscheinlichkeit auf den Regenanfang fallen, je stärker die Regen sind.«

Die Registrierkurve ist also in der Regel ein unregelmäßiger Linienzug, der durch eine Anzahl von Geraden ersetzt werden muß. Wenn die Schreibkurve, wie in Abb. 5 ($_2$) dargestellt, mit großer Annäherung eine Gerade ist, bietet die Auswertung keine Schwierigkeiten. Wenn aber die Schreibkurve nach Abb. 5 ($_1$) einen typischen Vorläufer a—b und Nachläufer c—d zu dem Starkregen b—c aufweist, dann ist die Bildung einer Mittellinie a—c oder a—d (s. Abb. 5) nur richtig, wenn diese Mittellinie nur unerheblich von der Intensität des Starkregens b—c abweicht.

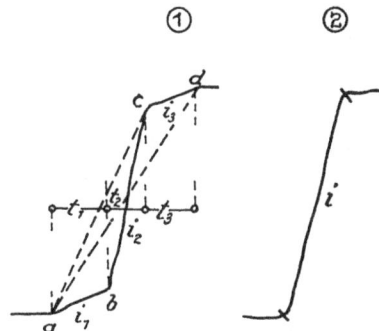

Abb. 5. Regenbilder aus der Schreibkurve des Regenschreibers.

Breitung (8) hat vorgeschlagen, solche Vor- und Nachläufer bei der Regenauswertung durch Zuschläge zur Intensität des Starkregens zu berücksichtigen. Daß durch einen Vorläuferregen u. U. eine gewisse Vergrößerung der Abflußmenge des Hauptregens eintreten kann, soll nicht bezweifelt werden. Die u. U. mögliche Abflußvermehrung durch einen Vor- bzw. Nachläufer hängt aber durchaus von der Gebietsform ab, wovon man sich durch zeichnerische Superposition der Abflußfiguren zweier gleich großer, rechteckiger Entwässerungsgebiete leicht überzeugen kann, von denen das eine langgestreckt und schmal, das andere aber kurz und breit ist. Die

von Breitung vorgeschlagenen Zuschläge zur Intensität des Hauptregens
in Höhe der halben Intensität des Vor- bzw. Nachläufers bleiben demnach
mehr oder weniger willkürlich. Außerdem ist es grundsätzlich nicht unbe-
denklich, wenn die Auswertung von Regenbeobachtungen mit Abflußvor-
gängen verquickt wird.

Ist die Intensität des Vor- bzw. Nachläufers gegenüber der des Hauptregens gering, so ist der Zuschlag unerheblich. Sind die Unterschiede in
der Intensität aber nicht so groß, daß sich nicht eine mittlere Intensität
aus den beiden Teilregen finden ließe, so sind Zuschläge unnötig, weil der
längerdauernde Regen (der aus den Teilregen gemittelt wurde) in der
Regel sowieso der ungünstigere ist. Die Tatsache, daß kurze Starkregen
von z. B. 5 min Dauer schon einen starken Vorläufer haben, wird dann
durch die Auswertung der 10 min bzw. 15 min Regen mit erfaßt.

Zur Frage der Berechtigung von Intensitätszuschlägen muß auch noch
beachtet werden, daß, wie aus der später abgeleiteten Berechnung der
Kanalnetze hervorgeht, die nach einer Regenreihe berechnete Wasserspiegellinie niemals gleichzeitig in der berechneten Form eintritt, da sie in
den oberen Haltungen z. B. den 10-min-Regen, weiter unten den 15-min-,
20-min-, 30-min- usw. -Regen als maßgebend annimmt, diese Regen aber
im Entwässerungsgebiet nicht gleichzeitig fallen können. Die Wasserspiegellinie des Entwurfes ist also tatsächlich nur eine »Umhüllende« der
ungünstigsten Wasserstände. Es wird im Entwurf also mit einem Minimum
an Spiegelgefälle gerechnet, das Gefälle wird tatsächlich größer sein. Ob
diese Tatsache bei der Beurteilung des im Kanalnetz vorhandenen Reserveraumes (9) zu einer Verminderung der abzuleitenden Wassermengen berechtigt, wird später noch zu erörtern sein. Auf jeden Fall aber berechtigt
sie dazu, die von Breitung vorgeschlagenen Intensitätszuschläge als unnötig weitgehend abzulehnen.

Wenn ein Regen durch eine Pause unterbrochen ist, so schlägt Breitung
vor, die durch die Pause unterbrochenen Abschnitte der Regenkurve als
selbständige, nicht zusammenhängende Regen auszuwerten, wenn die
Summe der Dauer des ersten Teilregens und der Regenpause größer oder
gleich der Fließzeit des Wassers durch das Entwässerungsgebiet ist. Die
beiden Teilregen sollen aber als ein Regen betrachtet werden, wenn die
Summe aus der Dauer des ersten Regens und aus der Dauer der Pause
kleiner ist als die Fließzeit.

Solche Regenauswertungen geschehen nun aber für die verschiedensten
Entwässerungsgebiete und die verschiedensten Sammlerlängen. Die Fließzeit ist also nicht ein allemal feststehender Wert, sondern sie ist variabel
und kann die verschiedensten Werte annehmen. Da die Fließzeit bei der
Auswertung von Regenbeobachtungen variabel und unbekannt ist, ist die
von Breitung gegebene Anleitung schlecht brauchbar. Man wird also
auch hierbei, genau wie das bei der Beurteilung der Vor- und Nachläufer
dargelegt wurde, die Regenschreibkurve so auszuwerten haben, wie sie ist.
D. h. die durch eine Pause unterbrochenen Starkregen müssen sowohl ein-
zeln ausgewertet, als auch zu einer mittleren Intensität und einer Dauer

gleich der Summe der Dauer der beiden Regen und der Pause zusammengefaßt werden. Zuschläge sind auch hier abzulehnen. Die Tatsache, daß auf den ersten Regen nach kurzer Pause schon ein zweiter Regen folgt, wird durch die Zusammenfassung der beiden Teilregen zu einem Regen zwar schwächerer Intensität, aber längerer Dauer berücksichtigt.

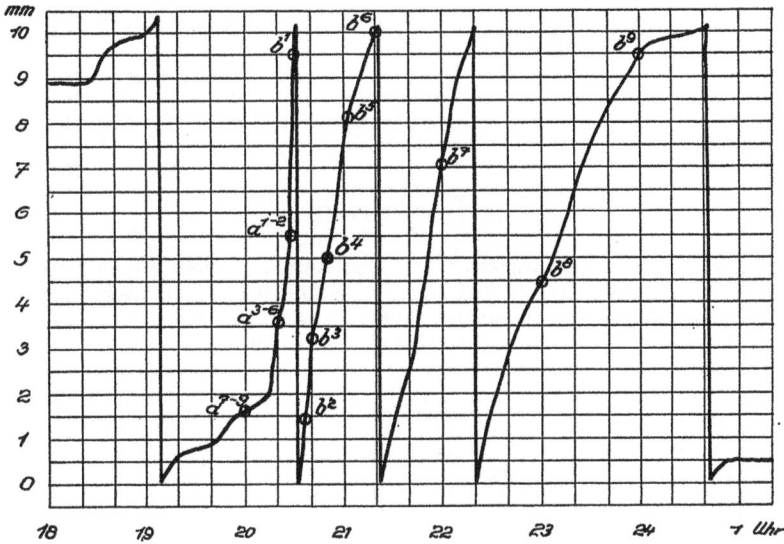

Abb. 6. Regenauswertung für 5 min bis 4 h Dauer.

Stärkster Teilregen = ausgewerteter Regen	Regendauer min	Regenhöhe mm	Durchschnittliche Intensität mm/min
$a^1 - b^1$	5	4,0	0,80
$a^2 - b^2$	10	6,2	0,62
$a^3 - b^3$	20	10,1	0,51
$a^4 - b^4$	30	11,6	0,39
$a^5 - b^5$	45	14,8	0,33
$a^6 - b^6$	60	17,2	0,29
$a^7 - b^7$	2 h	26,0	0,22
$a^8 - b^8$	3 h	33,7	0,19
$a^9 - b^9$	4 h	38,0	0,16

Um die Ergebnisse dieser Untersuchungen zusammenzufassen: Zuschläge zur Intensität von Starkregen beim Vorhandensein von· Vor- bzw. Nachläufern werden nicht gemacht. Die Regenschreibkurve wird vielmehr

2*

so ausgewertet, wie sie ist. Es wird aber versucht, neben der Auswertung der einzelnen Teilregen, Hauptregen und Vorläufer zu einer mittleren Intensität und einer Dauer gleich der Summe der einzelnen Dauerabschnitte zusammenzufassen.

Im übrigen kann die Auswertung von Regenbeobachtungen nicht immer schematisch gehandhabt werden, sondern sie muß häufig auch gefühlsmäßig beurteilt werden. Es ist klar, daß das eine gewisse Übung und eine Vertrautheit mit der ganzen Materie erfordert. In Abb. 6 ist ein praktisches Beispiel für eine Regenauswertung gegeben. Dabei ist der Gesamtregen in die jeweils intensivsten Teilregen zerlegt worden — die Notwendigkeit dazu wird weiter unten aus der Einführung der Regenreihe noch abgeleitet werden.

Die Regenreihe.

Die aus den Registrierstreifen der selbstschreibenden Regenmesser abgelesenen Regenfälle (Intensität und Dauer) können nun nicht als Einzelfälle den Rohrnetzberechnungen zugrunde gelegt werden. Regendauer und Intensität stehen vielmehr in einer gegenseitigen Abhängigkeit, je größer die Regendauer, desto geringer die Intensität. Für jeden Punkt eines bestimmten Entwässerungsgebietes ist nur ein Regen von bestimmter Dauer und bestimmter Intensität der ungünstigste, d. h. der Berechnungsregen. Richtige Kanalberechnungen setzen voraus, daß aus allen nach Maßgabe der Abhängigkeit von Intensität und Dauer möglichen Regenfällen durch irgendein Verfahren für jeden Punkt des Kanalnetzes der ungünstigste Regen gefunden ist.

Aus wirtschaftlichen Gründen ist es unmöglich, der Berechnung die jemals überhaupt gefallenen intensivsten Einzelregen zugrunde zu legen. Die Kanäle würden so teuer werden, daß keine Stadt unter erträglichen wirtschaftlichen Bedingungen Kanalisationen bauen könnte. Richtig ist es vielmehr, Kanäle so zu dimensionieren, daß die Schadenskosten, die durch eine geringere Dimensionierung der Rohrleitungen entstehen, kleiner bleiben als die Mehrkosten, die für größere Kanäle entstehen würden. Diese zuerst von Bock und Heydt (12) betonte Bedingung läßt sich in der Regel leider zahlenmäßig nicht erfassen, weil es unmöglich ist, die durch Keller- bzw. Straßenüberschwemmungen etwa eintretenden Schadenskosten auch nur annähernd zu ermitteln. Eine zahlenmäßige Auswertung der Bedingung ist aber auch nicht nötig, weil genügend Erfahrungen an ausgeführten Kanalnetzen zur Verfügung stehen, die eine Beurteilung möglich machen. In der Regel werden aber alle Teile eines Entwässerungssystems, jedenfalls soweit sie derselben Bauklasse angehören und gleichartige Verhältnisse umfassen, auf eine gleich häufig zu erwartende Überlastung berechnet werden müssen.

Für die Einhaltung der Bedingung einer gleich häufigen Belastung ist von Heydt der Begriff der wirtschaftlich gleichwertigen Regen eingeführt. Wirtschaftlich gleichwertige Regen sind Regen, für die eine Abhängigkeit der Intensität von der Regendauer im Mittel aus den Beobachtungen eines längeren Zeitraumes abgeleitet ist und die innerhalb eines bestimmten Zeitraumes gleich oft erreicht oder überschritten werden. Reihen solcher wirtschaftlich gleichwertiger Regen, kurz Regenreihen genannt, werden in der Regel errechnet für den alle ½ Jahre, alle Jahre, alle 1½ Jahre, alle 2 Jahre, alle 3 Jahre usw. einmal erreichten bzw. überschrittenen Regen. Als Beispiel einer Regenreihe $i = f(t)$ soll die aus 30-jährigen Beobachtungen in Hamburg für den alle Jahre einmal überschrittenen Regen berechnete Regenreihe angeschrieben werden:

Regenintensität in l/s/ha für eine Dauer von:

10	15	20	30	40	50	60	min
115	87	70	52	45	38	33	l/s/ha

Bei Rohrnetzen, die nach einer solchen Regenreihe berechnet werden, ist nach der aus z. B. 30jährigen Beobachtungen gewonnenen Wahrscheinlichkeit und unter Berücksichtigung der bei der Verwendung von meteorologischen Mittelwerten überhaupt inbegriffenen Unsicherheit anzunehmen, daß alle Teile des Kanalnetzes gleichmäßig oft, und zwar z. B. für die vorstehend angeschriebene Regenreihe alle Jahre einmal überlastet werden. Welche Regenreihe man der Berechnung zugrunde legen will, ob die Regenreihe für den alle Jahre einmal, alle 2 Jahre einmal erreichten oder überschrittenen Regen oder für sonst eine Häufigkeit, ist, wie oben ausgeführt, Sache der Schätzung und der nach den örtlichen Verhältnissen anzuwendenden Vorsicht. Nach den an unseren Kanalisationen gemachten Erfahrungen hat sich in der Regel für das Mischsystem die Annahme einer Regenreihe der alle 1½ oder alle 2 Jahre einmal erreichten oder überschrittenen Regen als ausreichend vorsichtig erwiesen, während für das Trennsystem die Annahme einer Regenreihe der alle ½ oder alle Jahre einmal erreichten oder überschrittenen Regen im allgemeinen als ausreichend angesehen wird.

Abb. 7 zeigt die Regenreihen der Städte Hannover, Bremen, Stettin und Berlin für den jährlich einmal überschrittenen Regen vergleichsweise in einem Koordinatensystem dargestellt, dessen Ordinate die Intensität und dessen Abszisse die Regendauer ist. Bei der Kanalberechnung kann man mit Hilfe der zeichnerischen Darstellung nun nicht nur mit den Werten für die Regendauer von 5, 10, 15, 20, 30 min rechnen, sondern mit Regen beliebiger Dauer, deren Intensität aus der betr. Kurve abgegriffen werden kann.

Für die Auswertung der Regenschreibkurven zur Aufstellung einer Regenreihe muß jeder registrierte Starkregen nicht nur als Ganzes ausgewertet werden, sondern er muß entsprechend der Form seiner Schreibkurve und entsprechend den Abstufungen der Regenreihe in Einzelabschnitte von der Dauer $t_1, t_2, t_3 \ldots t_n$ min zerlegt werden. Ein registrierter 20-min-Regen

müßte z. B. nach der Form seiner Schreibkurve für die Bildung einer Regenreihe in Teilregen von 5, 7, 10, 12, 15 und 20 min Dauer zerlegt werden.
Bei der Zerlegung des 20-min-Regens in z. B. 5-min-Abschnitte werden nun

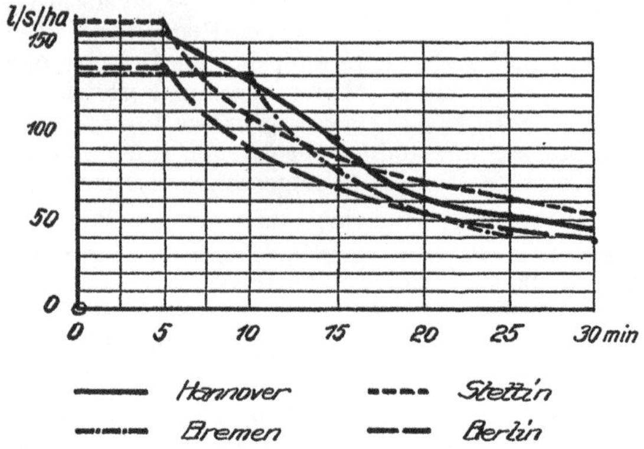

Abb. 7. Regenreihen.

nicht etwa 4 Stück 5-min-Abschnitte, sondern nur einer, dann aber
der größte, gebildet (s. Abb. 6). Zuschläge zu der Intensität der Teilregen aus der angrenzenden Strecke der Regenschreibkurve, wie sie Breitung (8) für nötig hält, sind in sinngemäßer Anwendung der weiter vorn
für die Vor- bzw. Nachläufer entwickelten Grundsätze abzulehnen.

Die Verfahren zur Ermittlung der Regenreihe.

Die aus den Regenschreibkurven ermittelten Regen werden für die
rechnerische Ermittlung der Regenreihe nach Intensität und Dauer ge-
ordnet und in einer Zahlentafel nach Muster der Zahlentafel 2 eingetragen.

Zahlentafel 2.

Regendauer über min	\multicolumn{12}{c}{Regenfälle mit einer Intensität von l/s/ha}
	30–40	40–50	50–60	60–70	70–80	80–90	90–100	100–125	125–150	150–175	175–200	> 200
0												
5												
10												
15												
20												
25												
30												

Für die Auswertung muß ein genügend langer Zeitraum zur Verfügung stehen. In Berlin (13) ist aus 20jährigen Beobachtungen folgende Zahlentafel 3 entstanden:

Zahlentafel 3.

Regen-dauer üb. min	Anzahl der Regen von l/s/ha												
	30-40	40-50	50-60	60-70	70-80	80-90	90-100	100-125	125-150	150-175	175-200	>200	Σ
0	307	172	94	63	52	32	35	30	21	19	15	12	852
5	173	92	49	31	24	23	24	14	14	4	5	—	453
10	85	44	22	14	19	12	9	11	1	4	—	—	221
15	44	26	11	11	8	5	5	3	2	—	—	—	115
20	34	17	7	8	4	5	1	1	—	—	—	—	77
25	28	8	5	6	2	3	1	1	—	—	—	—	54
30	24	9	3	5	2	2	—	1	—	—	—	—	46

Nach der vorstehenden Zahlentafel sind in den 20 Jahren im ganzen 852 Regen von einer größeren Intensität als 30 l/s/ha gefallen, von diesen Regen dauerten 453 länger als 5 min, 221 Regen dauerten länger als 10 min, 115 Regen dauerten länger als 15 min und so fort.

Aus der Zahlentafel 3 werden die Summen der wagerechten Reihen gebildet und so die Anzahl der Regen gefunden, die eine bestimmte Intensität und Dauer überschreiten. Die Zahlentafel 3 geht dann in die nachstehende Zahlentafel 4 über.

Zahlentafel 4.

Regendauer über min	Anzahl der Regen in 20 Jahren von einer Stärke über l/s/ha											
	30	40	50	60	70	80	90	100	125	150	175	200
0	852	545	373	279	216	164	132	97	67	46	27	12
5	453	280	188	139	108	84	61	37	23	9	5	—
10	221	136	92	70	56	37	25	16	5	4	—	—
15	115	71	45	34	23	15	10	5	2	—	—	—
20	77	43	26	19	11	7	2	1	—	—	—	—
25	54	26	18	13	7	5	4	1	—	—	—	—
30	46	22	13	10	5	3	1	1	—	—	—	—

Die einfache Addition der Zahlenwerte einer wagerechten Reihe der Zahlentafel 3 liefert in der Zahlentafel 4 einwandfreie Ergebnisse, wenn, wie weiter oben dargelegt, jeder Regen entsprechend den gewählten Dauerabstufungen in seine intensivsten Teilregen zerlegt ist.

Die Angaben über das Auftreten von Niederschlägen, die sich in der Zahlentafel 4 auf die ganze Beobachtungszeit (20 Jahre) erstrecken, sind in der Zahlentafel 5 durch Division durch die Anzahl der Beobachtungsjahre auf 1 Jahr umgerechnet.

Zahlentafel 5.

Regendauer über min	Anzahl der Regen in einem Jahre von einer Stärke über l/s/ha											
	30	40	50	60	70	80	90	100	125	150	175	200
0	42,6	27,3	18,7	14,0	10,8	8,2	6,6	4,9	3,4	2,3	1,4	0,6
5	22,7	14,0	9,4	7,0	5,4	4,2	3,1	1,9	1,2	0,5	0,3	—
10	11,1	6,8	4,6	3,5	2,8	1,9	1,3	0,8	0,3	0,2	—	—
15	5,8	3,6	2,3	1,7	1,2	0,8	0,5	0,3	0,1	—	—	—
20	3,9	2,2	1,3	1,0	0,6	0,4	0,1	0,05	—	—	—	—
25	2,7	1,3	0,9	0,7	0,4	0,3	0,2	0,05	—	—	—	—
30	2,3	1,1	0,7	0,5	0,3	0,2	0,05	0,05	—	—	—	—

Aus der Zahlentafel 5 können ohne weiteres die Reihen für den alle ½ Jahre, alle Jahre, alle 2 Jahre usw. erreichten oder überschrittenen Regen abgelesen werden. In der Zahlentafel 5 sind z. B. die Stellen, an denen die Werte der jedes Jahr einmal erreichten oder überschrittenen Regen liegen, durch eine Treppenkurve angedeutet. Die Regenreihen, die aus den Berliner Beobachtungen der Zahlentafel 5 durch Interpolierung abgeleitet sind, sehen dann wie folgt aus:

Zahlentafel 6.

	Intensität der Regen mit einer Dauer von:					
	5 min	10 min	15 min	20 min	25 min	30 min
für den alle 2 Jahre erreichten Regen .	150	115	90	75	66	60
für den jährlich einmal erreichten Regen .	132	96	75	60	47	42
für den halbjährlich erreichten Regen .	100	80	55	42	35	32

Die Zahlentafeln 4 und 5 geben außer der Möglichkeit zur Anschreibung der Regenreihe auch noch vieles an, was zur Feststellung über die Art der auftretenden Starkregen dienen kann. So zeigt z. B. die Zahlentafel 5, daß jährlich etwa 42 Regen fallen, die eine Intensität von 30 l/s/ha und mehr erreichen, davon dauern die Hälfte der Regen nur etwa 5 min, etwa der 4. Teil nur bis 10 min usw. Aus der Zahlentafel ist weiter abzulesen, daß Regen von einer Intensität gleich oder größer als 150 l/s/ha etwa 2 bis 3 mal im Jahre auftreten, daß Regen der gleichen Intensität aber bei einer Dauer von 5 min nur alle 2 Jahre 1 mal und bei einer Dauer von 10 min nur alle 5 Jahre 1 mal zu erwarten sind.

Wenn solche Feststellungen über die Art der auftretenden Starkregen nicht gemacht werden sollen und es nur auf die Ermittlung der Regenreihen ankommt, führt das graphische Verfahren rascher zum Ziel.

Bei dem graphischen Verfahren wird jeder Regen in seiner Dauer und Intensität durch einen bestimmten Punkt in einem Koordinatensystem genau festgelegt, dessen Abszisse die Regendauer und dessen Ordinate die Intensität darstellt.

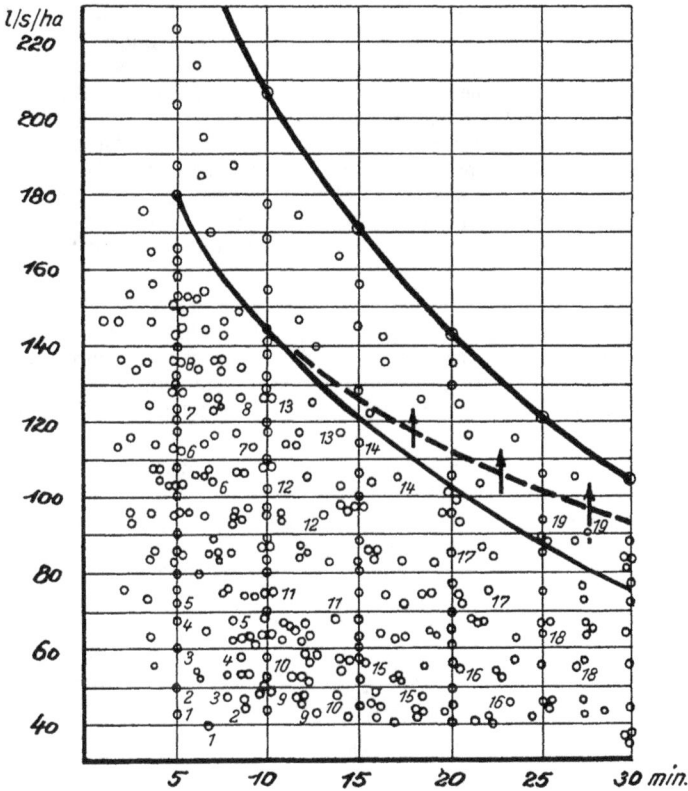

Abb. 8. Graphische Bestimmung der Regenreihe. Regenfälle in 8 Jahren.

Bei der Auszählung zur Feststellung der Regenreihe ist aber darauf zu achten, daß die Teilregen eines zerlegten Regens innerhalb einer Dauerstufe der Regenreihe nur 1 mal gezählt werden. Ist z. B. ein 8-min-Regen noch in einen 5-min-Regen zerlegt, so darf dieser Regen bei der Zählung für die Ermittlung der Regenfälle des Dauerabschnittes der

Regenreihe von 5 bis 10 min nur 1 mal gezählt werden (denn es bleibt ja derselbe Regen). Ein solcher Regen wird dann bei der Auftragung im Koordinatensystem mit einer Nummer oder mit einem Strich besonders gekennzeichnet, damit kein Fehler in der Häufigkeitsermittlung durch evtl. Doppelzählung entstehen kann. Übrigens muß auch beim rechnerischen Verfahren Vorsorge getroffen werden, daß Teilintensitäten, die zu ein und demselben Regenfall gehören, innerhalb eines Dauerbereiches auch nur 1 mal gezählt werden. Eine besondere Kennzeichnung ist hingegen beim rechnerischen und graphischen Verfahren für die Teilregen nicht erforderlich, die in verschiedene Dauerbereiche der Regenreihe fallen, weil bei der Auszählung der Regenfälle von z. B. 5 bis 10 min Dauer (genau 5 bis 9,99 min Dauer) nur die Regen in der entsprechenden wagerechten Zahlentafelreihe bzw. beim graphischen Verfahren auf der lotrechten Zeitabszisse 5 min und im Zwischenraum zwischen der lotrechten auf der Zeitabszisse 5 und 10 min zusammengezählt werden. Eine besondere Numerierung oder Kennzeichnung ist also z. B. nicht erforderlich, wenn ein 20-min-Regen in einen 15-, 10- und 5-min-Regen zerlegt ist, sie ist aber erforderlich, wenn z. B. ein 13-min-Regen noch in einen 10-min-Regen usw. zerlegt ist.

Beim graphischen Verfahren ist der Maßstab der Auftragung so groß zu wählen, daß alle Regen Platz finden. Hier liegt ein Nachteil des graphischen Verfahrens. Bei großen Beobachtungszeiträumen wird die Anzahl der Regenpunkte so groß, daß die einzelnen Punkte sich vielfach decken, Klumpen bilden und dadurch das Verfahren unübersichtlich machen.

Es kann deshalb nur empfohlen werden, die Auftragung nicht im gewöhnlichen Koordinatensystem sondern im logarithmischen Koordinatensystem vorzunehmen, wie das Abb. 9 zeigt. Durch die Auftragung im logarithmischen System steht in den Feldern der kleineren Intensitäten, in denen infolge der größeren Häufigkeit viele Regen eingetragen werden müssen, mehr Platz zur Verfügung als in den Feldern der großen Intensitäten, in denen nur wenige Regen einzutragen sind.

Im übrigen ist bei der graphischen Ermittlung wie folgt zu verfahren: Wird die Regenreihe für den alle n Jahre überschrittenen Regen gesucht und erstreckt sich die Beobachtungszeit auf a Jahre, so muß der Punkt im Dauerbereich der betreffenden Regenreihe unter dem $\frac{a}{n}$-ten Regenpunkt der graphischen Zahlentafel liegen. Dabei werden, wie oben gesagt, jene Regenpunkte von oben nach unten abgezählt, die innerhalb der betreffenden Dauerabstufung der Regenreihe liegen (also für die Ermittlung z. B. des 5-min-Regens werden die Regenpunkte abgezählt, die auf der lotrechten durch die Zeitabszisse 5 min und dem Zwischenraum zwischen den lotrechten auf der 5-min- und 10-min-Abszisse liegen). Die Verbindungslinie der auf diese Weise auf den Lotrechten gefundenen Punkte gibt die Kurve der Regenreihe.

Das graphische Verfahren gibt die Möglichkeit, die Regenreihe aus besonderen Gründen heraus in einfacher Weise zu korrigieren, worauf Breitung (8) hingewiesen hat. Es werde z. B. angenommen, daß im unteren Teile eines Mischsystems besonders gefährdete tiefliegende Geländeteile, also flachliegende Kanäle, tiefe Keller, tiefliegende Unterführungen od. dgl.

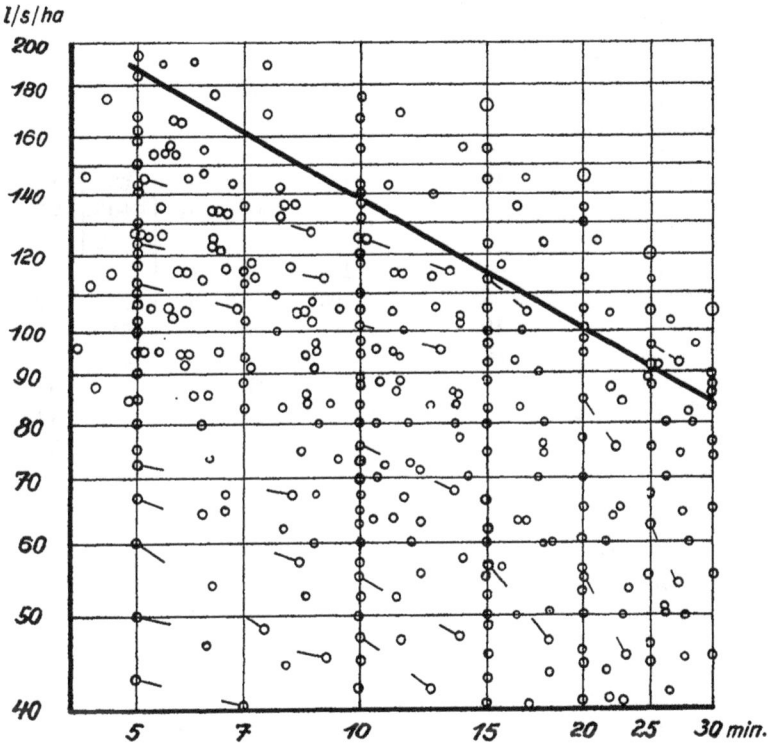

Abb. 9. Graphische Bestimmung der Regenreihe im logarithmischen Koordinatensystem. Regenfälle in 8 Jahren.

vorhanden sind. Für die unteren Gebiete müssen dann u. U. vorsichtigere Annahmen für die Kanalberechnung gemacht werden. Da dür die unteren Gebiete infolge der größeren Kanallänge und der größeren Durchflußzeit länger dauernde »Berechnungsregen« der Regenreihe in Frage kommen, wird man ganz nach dem Grad der einzuhaltenden Vorsicht, die Kurve der Regenreihe für größere Regendauer in die Höhe schieben, wie das z. B. Abb. 8 durch die senkrechten Pfeile und die gestrichelte Kurve. zeigt.

Regenreihen deutscher Städte.

Im folgenden sollen die Regenreihen einiger Städte für den jährlich einmal erreichten oder überschrittenen Regen vor Augen geführt werden.

Zahlentafel 7.

Stadt	Anzahl der Beobachtungsjahre	Regen (in l/s/ha) mit einer Dauer von min					
		5	10	15	20	25	30
1. Norddeutschland nach Hellmann	—	133	108	95	88	—	73
2. Norddeutschland nach Bodenseher	—	197	150	122	101	–-	79
3. Hamburg. . . .	30	160	110	87	73	63	55
3a Hamburg. . . . (Reihe nach Potenzformel)	—	—	115	87	70	60	52
4. Bremen	—	—	130	78	54	42	—
5. Stettin	—	160	103	85	72	61	52
6. Danzig	24	—	97	73	59	51	45
7. Hannover . . .	14	155	130	95	60	52	45
8. Berlin-Ch. . . .	—	172	125	100	83	70	63
9. Berlin-Kernstadt	20	132	96	75	60	47	42
10. Leipzig.	—	—	165	120	70	—	30
11. Frankfurt/Main .	—	—	150	115	80	60	—
12. Mainz	—	150	125	105	90	75	60
13. Darmstadt I . .	—	150	95	60	42	—	—
14. Darmstadt II. .	—	123	107	46	33	—	—
15. Karlsruhe . . .	—	125	87	55	42	33	—
16. Stuttgart. . . .	—	110	95	60	46	32	30
17. Augsburg . . .	13	168	132	—	100	—	68
18. Nürnberg. . . .	17	168	126	—	96	—	63
19. Aschaffenburg .	15	145	94	—	52	—	43
20. Würzburg . . .	15	138	102	–-	75	—	55
21. Oppeln.	—	115	100	83	60	—	—
22. Amberg	14	125	87	—	60	—	46
23. Kaiserslautern .	10	104	65	—	45	—	34
24. Ludwigshafen .	11	102	60	—	41	—	32
25. Passau	10	163	112	—	63	—	49

In der vorstehenden Zahlentafel fallen Unterschiede in den Regenreihen von nahe beieinander liegenden Städten auf, wie z. B. von Frankfurt a. M. und Mainz, die durch verschiedene örtliche Lage nicht erklärt werden können. Diese Städte haben vermutlich nicht die gleichen Methoden zur Auswertung der Regenbeobachtungen angewendet.

Für lange Regendauern sind z. B. in Hamburg folgende Intensitätswerte beobachtet:

30 min	40 min	50 min	60 min	2 h	3 h	4 h	5 h	10 h	15 h
55	45	38	33	19	13	10	8	4	2,5 l/s/ha

Formeln für die Regenreihe.

In den oben in der Zahlentafel 7 angegebenen Regenreihen kommt eine
Abhängigkeit zwischen der Intensität und Regendauer zum Ausdruck, die
viele Ingenieure veranlaßt hat, den Versuch zur Aufstellung einer Formel
zu machen. Auf die älteren, heute überholten Formeln soll hier nicht sämtlich eingegangen werden.

Die von Frühling seinerzeit im Handbuch der Ingenieurwissenschaften
angegebene Formel (14) bestimmt die Abhängigkeit zwischen Regendauer
und Regenintensität aus der jährlichen Regenhöhe. Nach Haeusers (3)
Beobachtungen fallen nun oft Regenreihen für Orte mit verschiedenen
geographischen und klimatischen Verhältnissen zusammen, während die
Reihen klimatisch ähnlicher Orte oder sogar von zwei Meßstellen desselben
Ortes mehr oder weniger stark voneinander abweichen. Haeuser schreibt:
»die ... Intensitätskurven der Platzregen für bestimmte Orte lassen in
ihrer Gestalt keine Abhängigkeit von Gelände- und Klimaverhältnissen
erkennen, je länger die Beobachtungsreihe ist, welche der Konstruktion
der Kurve zugrunde liegt, desto mehr nähert sich die Kurve der Landes-
kurve für Platzregen«. Da sich die Schlußfolgerungen Haeusers auf Beobachtungen nur aus Bayern stützen, können sie nicht ohne weiteres für
ganz Deutschland verallgemeinert werden. Immerhin lassen die Beobachtungen in Bayern den Schluß zu, daß die Verschiedenheit der Häufigkeit kurzer, starker Niederschläge nicht so sehr von der klimatischen Lage
oder Meereshöhe (also Gebirgs- oder Flachlandlage), sondern vielmehr von
der örtlichen Lage (Kessellage, Luv und Lee von Bergen, von der Nähe
großer Wasserbecken und Moore, der Lage zu den gewöhnlichen Gewitter-
straßen usw.) abhängt. Neuere Formeln lassen deshalb die jährliche Regenhöhe H mit einer gewissen Berechtigung unbeachtet.

Thormann (15) will aus allgemein gemachten Regenbeobachtungen
eine Formel zu einer Regenreihe ableiten für alle Städte, die keine eigenen
Beobachtungen zur Verfügung haben und Kanalisationen bauen wollen.
Er stützt sich vor allem auf das Material, das Haeuser (3) aus Bayern veröffentlicht hat, und kommt dann zu einer Formel für den einmal im Jahre
überschrittenen Regen:

$$y = \frac{1,017}{0,7 \cdot \dfrac{x}{a} + 0,3} - 0,017 \cdot \frac{x}{a} \cdot$$

In dieser Gleichung bedeutet y das Verhältnis der Intensität des x-min-
Regens zu der Intensität des a-min-Regens. Die Stärke des a-min-Regens

(z. B. des 5-min-Regens) soll nach Vergleich mit den in anderen Städten festgestellten Werten angenommen werden.

Wenn schon für die Ermittlung einer Regenreihe in einer Stadt ohne eigene Regenbeobachtungen ein Regen der Regenreihe nach Vergleich mit anderen Städten angenommen werden muß, so erscheint es dem Verfasser einfacher, auf die Formel überhaupt zu verzichten und aus den Regenreihen von Städten ähnlicher Lage eine neue Reihe zu mitteln, oder von einer etwa bekannten »Landesregenreihe« auszugehen. Das ist um so eher möglich, weil für die Abflußmengen, die die Kanalisation bewältigen muß, ja, wie Verfasser schon früher ausgeführt hat (16), nicht so sehr die Verschiedenheit der Starkregen, sondern die Verschiedenheit der örtlichen Verhältnisse, wie Größe und Beschaffenheit des Einzugsgebietes, Länge der Leitungen, Art der Kanalisation usw. bestimmend ist.

Die Formel von Thormann ist umständlich, und es sind einfachere Formeln aufgestellt worden, so von Wussow, Bodenseher u. a., auf die hier nicht sämtlich eingegangen werden kann. Als einfachste Formel hat sich die Potenzgleichung:

$$6) \quad i = \frac{C}{t^{\alpha}}$$

durchgesetzt, wie sie von Poggi (Mailand), Melli, Lindley, Eigenbrodt, Reinhold u. a. angewandt ist. Die Potenzgleichung hat den großen Vorteil, daß sie bei einer Auftragung der Regenreihe im logarithmischen Koordinatensystem (siehe graphische Ermittlung der Regenreihe) durch eine gerade Linie dargestellt wird und damit eine einfache Festlegung der Punkte der Regenreihe gestattet. U. U. müssen die Beobachtungen in bestimmte Bereiche von z. B. 10 min bis zu 2 h Dauer und über 2 h Dauer geteilt und für jeden Bereich besondere Werte für C und α bestimmt werden.

Die Übereinstimmung der rechnerisch genauestens ermittelten Werte der Regenreihe mit den Werten nach der Potenzgleichung geht z. B. für Hamburg aus den in der Zahlentafel 7 vergleichsweise angegebenen Zahlen hervor. Für Hamburg lautet die Potenzgleichung für den alle Jahre einmal erreichten oder überschrittenen Regen für Regen von 10 min bis 2 h Dauer:

$$i = \frac{570}{t^{0,695}}$$

für Danzig sind, wenn n die alljährlich zu erwartende Anzahl der Überregnungen bedeutet, folgende Werte von C und α bekannt geworden (11).

n	C	α
$1/_6$	1254	0,7578
$1/_3$	842	0,7364
$1/_2$	720	0,7332
1	504	0,7125
2	348	0,6921

Für die in Zahlentafel 7 angegebene Regenreihe von Berlin gilt für die Regendauern von 10 bis 30 min die Potenzgleichung

$$i = \frac{510}{t^{0,764}}.$$

Eine solche Potenzgleichung läßt sich für jede Stadt leicht aufstellen, wenn zwei Punkte der Regenreihe bekannt sind. Die allgemeine Form der Potenzgleichung:

$$i = \frac{C}{t^{\alpha}}$$

lautet logarithmiert:

$$\log i + \alpha \cdot \log t = \log C$$

In dieser Gleichung sind die beiden Unbekannten C und α zu bestimmen, wenn zwei zusammengehörige Werte von i und t gegeben sind.

Der Abflußvorgang des Regenwassers.

Auf die Abflußvorgänge von Regenwasser in Kanalisationen, insbesondere auf die Größe der Flutwelle, wirken verschiedene Umstände ein, von denen hier zu nennen sind:

1. der Einfluß der ungleichen Regenhöhe auf großen Flächen,
2. der Einfluß der Verflachung der Flutwelle und der Einfluß des im Kanalnetz vorhandenen Ausgleichraumes,
3. der Einfluß der Zugrichtung des Regens,
4. der Einfluß der Regendauer, wenn der Regen nicht so lange dauert, wie seine Fließzeit durch das Entwässerungsgebiet hindurch währt.

Die unter 1. und 2. genannten Einflüsse auf den Regenwasserabfluß können nur unter grober Annäherung, der unter 3. genannte Einfluß nur generell ausgewertet werden. Eine schwächere Dimensionierung der Kanalnetze auf Grund solcher, einer Schätzung nahekommender Rechnungen kann nicht empfohlen werden. Für die Berechnung von Kanalnetzen, die doch in erster Linie einer hygienischen Zielsetzung dienen, ist vielmehr ein möglichst hohes Maß von Sicherheit erwünscht. Die unter 1. und 2. genannten Einflüsse auf den Regenwasserabfluß sollen deshalb im nachfolgenden zwar besprochen, in ihrer Auswirkung aber nur als Sicherheit bewertet werden.

Der unter 4. genannte Einfluß der Regendauer ist für städtische Entwässerungsnetze vor allem entscheidend. Die Verfahren zur Berechnung des Einflusses der Regendauer sollen deshalb in einem besonderen Kapitel »die Abflußverminderung des Regenwassers infolge der kurzen Dauer der Starkregen« eingehend besprochen werden.

Der Einfluß der ungleichen Regenhöhe auf größeren Flächen.

Starkregen fallen oft als Strichregen, denen im Gegensatz zu den schwächeren und länger dauernden Landregen nur ein kleineres Verbreitungsgebiet zukommt. Die Anzeigen der Regenmesser haben deshalb genau genommen nur für die nächste Umgebung Gültigkeit. Aus diesem Grunde ist die Aufstellung mehrerer selbstschreibender Regenmesser im Stadtgebiete erwünscht.

In Breslau sind über die Verteilung von Starkregen auf größeren Flächen an drei Meßstellen, die ein Gebiet von 700 ha umschließen, Beobachtungen gemacht worden. Gemessen sind nur Regen von einer Intensität $i \geqq 55$ l/s/ha. In einer Beobachtungszeit von 9 Jahren sind dann auf der Regenmeßstation I 760 min lang Regen gefallen, die den oben genannten überschritten, zu gleicher Zeit fielen auf den beiden Stationen I und II aber nur 90 min solche Regen und zu gleicher Zeit auf allen drei Stationen sogar nur 28 min lang Regen, die eine Intensität von 55 l/s/ha überschritten. Auf Grund der in Breslau gemachten Erfahrungen ist von Frühling die Annahme gemacht worden, daß im Abstand von 3000 m von der Beobachtungsstelle A die Stärke ι_r des Sturzregens auf $\frac{\iota_r}{2}$ zurückgegangen ist und daß diese Abnahme parabolisch erfolgt. Dann ist der Regendichtigkeitsbeiwert ξ für die gesamte Fläche gleich dem Quotienten aus dem Inhalt des parabolischen Umdrehungskörpers und dem Inhalt des ganzen Zylinders von der Höhe i_r. Nach Abb. 10 wird dann für $x = \frac{L}{2}$.

$$\xi = 1 - 0{,}005 \cdot \sqrt{L}.$$

Daraus ergeben sich für verschiedene Werte von L die nachstehend angeschriebenen Werte von ξ.

$L = 100$	200	300	500	700	1000	1500	2000	3000	6000 m
$\xi = 0{,}95$	0,93	0,91	0,89	0,87	0,84	0,81	0,78	0,73	0,61

Nach den hier vielfach angezogenen umfangreichen Beobachtungen der bayerischen Landesstelle für Gewässerkunde (3) war die Form der Ausdehnung kurzer starker Regenfälle in Bayern in $^2/_3$ aller Fälle mit Sicherheit oder doch wenigstens mit Wahrscheinlichkeit durch die örtliche Lage bestimmt. Es erscheint deshalb unsicher, die aus den Breslauer Beobachtungen von Frühling gefolgerte parabolische Abnahme der Regenintensität ohne weiteres auf andere Orte zu übertragen. Nach den aus Bayern bekanntgegebenen Regenbildern erfolgt die Abnahme der Regenintensität mit der Entfernung vom Regenzentrum nicht irgendwie gesetzmäßig; vielfach kann aber wenigstens in einer Richtung auch eine lineare Abnahme festgestellt werden.

Wenn angenommen wird, daß die Abnahme linear erfolgt, so ergibt sich wiederum nach Abb. 10:

$$\xi = 1 - 0{,}000\,056 \cdot L.$$

Aus dieser Beziehung ergeben sich für die lineare Abhängigkeit für verschiedene Werte von L andere Werte von ξ, und zwar:

$L = 100$	200	300	500	1000	2000	3000	6000 m
$\xi = 0{,}9945$	0,989	0,9825	0,973	0,95	0,89	0,85	0,66

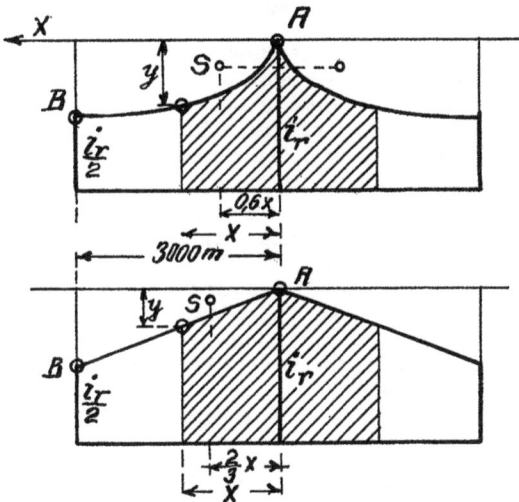

Abb. 10. Parabolische und lineare Abnahme der Regenintensität mit der Entfernung vom Regenzentrum.

Die Grenzen der Gültigkeit beider Gleichungen (für $\iota_r = y$) liegen im Falle der Parabel bei $L = 24\,000$ m, im Falle der linearen Abhängigkeit bei $L = 12\,000$ m.

Da die Annahmen einer parabolischen oder linearen Abhängigkeit beide als möglich vorausgesetzt werden müssen, bleibt die Berechnung eines Regendichtigkeitsbeiwertes ξ aus der ungleichen Regendichte unsicher. Bei kleineren Gebieten kann der Einfluß der ungleichen Regendichte als unerheblich vernachlässigt werden, da nach den obigen Zahlentafeln in solchen Fällen ξ nicht wesentlich von dem Werte 1 verschieden ist. Ein solches Vorgehen erscheint um so mehr berechtigt, wenn die an anderen Orten gemachten Beobachtungen zum Vergleich herangezogen werden. Gegenüber den Breslauer Beobachtungen an nur drei Meßstellen sind, wie schon erwähnt, umfangreiche Auswertungen von der bayerischen Landesstelle für Gewässerkunde bekanntgegeben (3), die sich besonders auf Aufzeichnungen selbstschreibender Regenmesser in Augsburg (5 selbstschreibende Regenmesser), in München und in Nürnberg (6 selbstschreibende Regenmesser) stützen. Nach diesen Beobachtungsergebnissen würde z. B. für die Regen der nachstehenden normalen Regenreihe durchschnittlich mit folgender Flächenausdehnung gerechnet werden müssen:

$t =$ 10	15	20	25	30	40	min
$i =$ 110	90	75	65	55	45	l/s/ha
$F =$ 32	45	64	80	112	165	km²

Die Starkregen einer normalen Regenreihe haben demnach schon eine so große Flächenausdehnung, daß kaum noch von »Strichregen« gesprochen werden kann. Nach den bayerischen Beobachtungen können die Regendichtigkeitsbeiwerte ξ für die normalen städtischen Entwässerungsgebiete bis zum ersten Regenauslaß oder von Regenauslaß zu Regenauslaß vom Wert 1 nicht wesentlich abweichen[1]).

Die Abflußverminderung von Starkregen infolge der ungleichen Regendichte kann bei den normal vorkommenden Entwässerungsgebieten wegen der kleineren Flächenausdehnung dieser Gebiete als unerheblich vernachlässigt und sie soll deshalb nur als ein Mehr an Sicherheit bewertet werden. Bei größeren Gebieten tritt aber die Abflußverminderung durch ungleiche Regendichte zurück hinter dem Einfluß der Regendauer. Je größer das Entwässerungsgebiet ist, desto mehr nähert sich der Charakter des ungünstigsten Berechnungsregens den auch über größere Gebiete gleichmäßiger verteilten schwächeren Landregen.

Der Einfluß der Verflachung der Flutwelle und der Einfluß des im Kanalnetz vorhandenen Ausgleichraumes.

Unter der Wirkung der Schwerkraft wird sich die größte Flutwelle des Regenwasserabflusses im Kanal beim Abwärtswandern allmählich verflachen (18). Der Einfluß dieser Flutwellenverflachung auf die Verminde-

---

[1]) Der Vollständigkeit halber sollen noch die Formeln von Specht (17) $\xi = \sqrt[12]{\dfrac{1}{F}}$ und von Eigenbrodt $\iota_{max} = 0{,}8025 \cdot i^{1{,}101}$ erwähnt werden. In der Formel von Specht bedeutet F die Größe des Niederschlagsgebietes in km². Die Formel von Specht berücksichtigt zwar die Größe des Niederschlagsgebietes, aber nicht die Abhängigkeit der Regenintensität von der Regendauer, sie muß deshalb als unvollständig abgelehnt werden. Die Formel von Eigenbrodt stützt sich auf 4 jährige Aufzeichnungen in München. Da die Formel die Größe des Entwässerungsgebietes gar nicht berücksichtigt, gilt sie nur für ein bestimmtes Gebiet und ist wohl auch nur für ein solches aufgestellt worden.

rung des Größtabflusses ist bisher rechnungsmäßig nicht erfaßt, und er ist auch wohl kaum erfaßbar. Da die Abflachung der Flutwelle auf jeden Fall vermindernd auf den Größtabfluß wirkt, bildet ihr Einfluß einen Sicherheitsfaktor. Auf Versuche zur rechnerischen Erfassung des Einflusses der Verflachung der Flutwelle soll hier deshalb verzichtet werden.

Auf die Größe der Flutwelle ist weiter die Tatsache von Einfluß, daß beim Beginn des Starkregens im Kanalnetz bei wenig gefüllten Kanälen mehr oder weniger große Ausgleichsräume zur Verfügung stehen, die erst gefüllt werden müssen, ehe eine Überlastung eintritt. Ein Reserveraum im Kanalnetz ist auch dadurch gegeben, daß, wie weiter vorn (S. 18) erwähnt, die nach einer Regenreihe berechnete Wasserspiegellinie in Wirklichkeit nie vorhanden ist, sondern nur eine »Umhüllende« der ungünstigsten Wasserstände darstellt.

Mit der Berechnung des Einflusses dieses Ausgleichsraumes haben sich Schrank (19), Eigenbrodt (9) und Reinhold (11) befaßt. Die abgeleiteten Formeln müssen sich auf relativ viele Annahmen stützen. Dazu kommt, daß den Starkregen in der Hälfte aller Fälle bereits Niederschläge vorausgehen, so daß die Größe des zur Verfügung stehenden Reserveraumes umstritten ist. Mit dem Vorhandensein eines Reserveraumes im Kanalnetz wurde weiter vorn die Ablehnung der Breitungschen Zuschläge zur Regenintensität begründet. Es wird deshalb vorgeschlagen, die Beeinflussung der Größtabflußmenge durch die im Kanalnetz vorhandenen Ausgleichsräume in der Regel gleichfalls nicht zahlenmäßig zu erfassen, sondern nur als ein Mehr an Sicherheit zu bewerten. Es soll aber, wie weiter unten noch ausgeführt wird, wegen des Einflusses der leeren Räume im Kanalnetz davon abgesehen werden, heftigste Regen von sehr geringer Dauer für die Berechnung von Kanalnetzen überhaupt in Betracht zu ziehen. Für spezielle Einzeluntersuchungen, bei denen etwa eine Schätzung des Einflusses der Ausgleichsräume auf den Größtabfluß erwünscht ist, wird auf die oben angezogene Literatur verwiesen.

Der Einfluß der Zugrichtung des Regens.

In Offenbach ist von Sprengel (20) festgestellt worden, daß dort eine vorherrschende Zugrichtung des Wetters mit einer mittleren Geschwindigkeit von 16 m/s von Südwest nach Nordost vorhanden war. Da ein Hauptsammler der Stadt Offenbach gerade von Nordosten nach Südwesten läuft, fiel der Regen im oberen Sammlergebiet später als im unteren. Nach der in Offenbach festgestellten mittleren Wettergeschwindigkeit von 16 m/s beträgt der Zeitunterschied im Regenfall des oberen und unteren Gebietes bei 6 km Sammlerlänge immerhin schon 375 s oder rd. 6 min. In Offenbach wird also in dem besprochenen Falle die Abflußmenge des Hauptsammlers durch den Einfluß der Wetterrichtung vermindert, weil der Regen von Teilen des unteren Gebietes schon abgeflossen ist, ehe er überhaupt im oberen Gebiete fällt. Umgekehrt würde in Offenbach eine Abflußvermehrung stattfinden, wenn ein Sammler von Südwest nach Nordost liefe. Bei Sammlern, die lotrecht zur Wetterrichtung laufen, entsteht keine Beeinflussung durch die Wetterzugrichtung.

Eine bestimmte vorherrschende Wetterzugrichtung konnte in Breslau auf Grund der dort gemachten Beobachtungen nicht festgestellt werden. Die Offenbacher Beobachtungen dürfen also nicht ohne weiteres verallgemeinert werden. Wenn sich aber aus den jeweils vorhandenen örtlichen Beobachtungen eine bestimmte vorherrschende Zugrichtung der Starkregen ergibt, müssen solche Sammler, die mit dieser Zugrichtung laufen, vorsichtiger berechnet werden als Sammler, die entgegengesetzt laufen.

Der Einfluß der Wetterzugrichtung hat bei der in der Regel erheblichen Wettergeschwindigkeit (15—20 m/s) in der Regel nur für größere Gebiete Bedeutung. Der Einfluß der Wetterzugrichtung sollte aber z. B. in allen den Fällen besonders ausgewertet werden, in denen bereits Beobachtungen über schlimme Hochwässer bzw. Überstauungen vorliegen, die allein aus der Regenintensität und Regendauer nicht erklärt werden können. Es muß hier auf die Hochwasserkatastrophen in manchen Flüssen und Bächen des Erzgebirges hingewiesen werden. Wenn dergleichen auch für städtische Kanalnetze weniger Bedeutung hat, so soll doch der Vollständigkeit halber ein interessantes Verfahren zur Berechnung des Einflusses der Wetterzugrichtung besprochen werden, das Prof. Voit (21) von der Technischen Hochschule in Wien veröffentlicht hat.

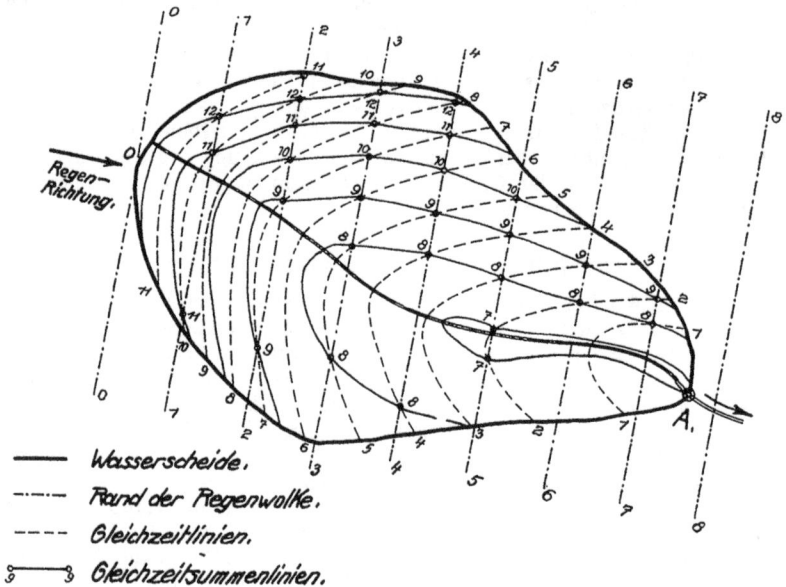

Abb. 11. Auswertung des Einflusses der Zugrichtung des Regens.

Abb. 11, die der Arbeit von Voit entnommen ist, zeigt ein größeres
Entwässerungsgebiet mit dem Tiefpunkt bei *A*, in dem die Punkte durch
sog. »Gleichzeitlinien« verbunden sind, die die gleiche Abflußzeit zum Tiefpunkt bei *A* haben, wenn der Regen gleichzeitig auf das ganze Entwässerungsgebiet niederfallen würde. Die Richtung und Laufgeschwindigkeit
der Sturzregenwolke ist in Abb. 11 durch einen Pfeil und strichpunktierte
Linien dargestellt, die den Stand des vordersten Randes der Sturzregenwolke zu den an diesen Linien angeschriebenen Minuten-Zeiten bedeuten.
Die Zeitrechnung beginnt mit dem Augenblick, wo der Rand der Sturzregenwolke die nächste Wasserscheide des Entwässerungsgebietes berührt,
d. h. gerade in das Entwässerungsgebiet eintritt. Die strichpunktierten
Linien, die den jeweiligen Stand des Randes der Sturzregenwolke angeben
sollen, schneiden die obenerwähnten Gleichzeitlinien. Die Verbindungslinien dieser Schnittpunkte nennt Voit »Gleichzeitsummenlinien«. Diese
Gleichzeitsummenlinien verbinden alle jene Punkte, für die die Summe der
Zeit, die die Regenwolke braucht, um von der Wasserscheide an heranzu-
kommen, und der Abflußzeit zum Tiefpunkt *A* die gleiche ist. Die Gleichzeitsummenlinien begrenzen also mit den Wasserscheiden Flächenteile,
aus denen die abfließenden Wassermengen jeweils gleichzeitig im Tiefpunkt *A* ankommen. Statt der ursprünglichen durch die Gleichzeitlinien
begrenzten Beitragsflächen werden jetzt die durch die Gleichzeitsummenlinien bestimmten Beitragsflächen der Berechnung des Größtabflusses
zugrunde gelegt. Je nach der Regenrichtung ändert sich nun der Verlauf
der Gleichzeitsummenlinien. Für jede Regenrichtung wird sich also ein
anderer Größtabfluß ergeben. Aus der vergleichsweisen Rechnung mit
den charakteristischen Regenrichtungen wird der Größtabfluß der ungünstigsten Regenrichtung gefunden. Mit der Auffindung der durch die
Gleichzeitsummenlinien begrenzten Beitragsflächen ist die weitere Durchführung des Verfahrens auf die im nächsten Abschnitt zur Berechnung
des Größtabflusses angegebenen Verfahren zurückgeführt.

Der Einfluß der Regendauer.
Die Abflußverminderung des Regenwassers infolge der kurzen Dauer der Starkregen.

Bei jeder Entwässerungsleitung bzw. jedem Wasserlauf ist die Zeit
des Regenfalles kleiner als die Zeit des Abflusses dieses Regens. Ein Be-
obachter, der bei Beginn des Regens am unteren Ende eines Entwässerungsgebietes den Regenwasserablauf beobachtet, wird zunächst die nahe seinem
Standort gefallenen Regenmengen abfließen sehen. Beim Aufhören des
Regens hört der Durchfluß von Regenwasser im Kanal am Beobachtungs-
ort aber noch nicht auf. Die in den entfernt liegenden Gebietsteilen gefallenen letzten Regenmengen brauchen noch die volle Fließzeit durch das
Entwässerungsgebiet hindurch, um an der Beobachtungsstelle vorbeizu-
fließen. Aus dieser Tatsache läßt sich aber keine Verminderung des Flut-

wellenmaximums herleiten. Eine solche Abflußverminderung entsteht erst, wenn die Regendauer t_r kleiner ist als die Durchflußzeit T, die das Wasser braucht, um den Kanal in seiner vollen Länge zu durchfließen.

$$7\,a) \quad t_r < T$$

$$7\,b) \quad T = \frac{L}{v},$$

worin L die Leitungslänge und v die mittlere Abflußgeschwindigkeit im Kanal bedeuten.

Aus Gleichung (7) folgt, daß in kleinen Entwässerungsgebieten, also bei kleinem L, nur der Abfluß von kurzen Regenfällen vermindert wird. Mit wachsender Gebietsgröße, also Leitungslänge, steigt auch die Regendauer der eine Abflußverminderung erfahrenden Regen. Im allgemeinen liefert der Regenfall annähernd den größten Abfluß, der so lange dauert, daß der Einfluß der Abflußverminderung gerade aufhört. Daraus und aus der bekannten Tatsache, daß die Regenintensität mit der Regendauer abnimmt, folgt also weiter, daß mit wachsender Gebietsgröße der Abfluß von der Flächeneinheit kleiner wird.

Zur Klarstellung des Einflusses der Abflußverminderung infolge der kurzen Dauer der Starkregen werde ein rechteckiges Gebiet betrachtet (s. Abb. $12_{1, \, 2, \, 3}$).

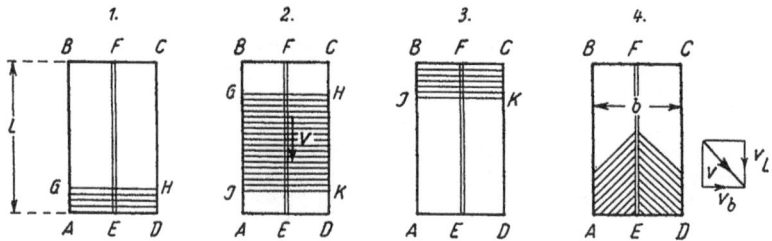

Abb. 12. Abflußvorgang für ein rechteckiges Entwässerungsgebiet.

Das rechteckige Entwässerungsgebiet $A\,B\,C\,D$ werde von einem Kanal F—E von der Länge L mit dem Tiefpunkt in E durchzogen. Bei Beginn des Regens liefern Abflußbeiträge nur die Flächenteile nahe E. mit fortdauerndem Regen wird die Beitragsfläche größer. Nach einer gewissen Zeitspanne ist die Beitragsfläche z. B. auf $A\,D\,G\,H$ in Abb. 12_1 angewachsen. Die Beitragsfläche vergrößert sich gemäß der Durchflußgeschwindigkeit v so lange, bis beim Aufhören des Regens, also nach t_r min auch die Beiträge der Flächenteile bei E aufhören. Nach t_r min hört der Regenfall und damit der Beitrag von E auf, dann ist aber der Abflußbeitrag von $B\,C\,G\,H$ bei $T > t_r$ noch nicht an E heran. Daher tritt eine Abflußverminderung um den Beitrag des Flächenteiles $B\,C\,G\,H$ ein, wobei die Leitungslänge innerhalb dieses Flächenteiles $= L — v \cdot t_r$ beträgt. Die Abflußmenge steigt an im Zeitraum t_1 vom Beginn des Regens bis der

Regen aufhört, $t_1 = t_r$. Dann bleibt die Abflußmenge während t_2 konstant, bis die Kante GH der Beitragsfläche die Grenze des Entwässerungsgebietes erreicht hat, t_2 wird zu

$$\frac{L - v \cdot t_r}{v}.$$

Hat die Beitragsfläche die Gebietsgrenze erreicht, dann nimmt der Abfluß während t_3 von der konstanten Maximalgröße allmählich wieder bis auf 0 ab, $t_3 = t_r$. Wenn $\mathfrak{f}_{max}$ die größte Beitragsfläche in ha, i_r die Regenintensität in l/s/ha und φ der in dem Gebiete gleichmäßig vorhandene Abflußbeiwert bedeuten, ergibt sich der größte Abfluß zu

$$8) \qquad Q_{max} = \mathfrak{f}_{max} \cdot i_r \cdot \varphi$$
$$\mathfrak{f}_{max} \text{ (nach Abb. 2)} = JKGH = v \cdot t_r \cdot b\,;$$

damit wird

$$8a) \qquad Q_{max} = \varphi \cdot i_r \cdot b \cdot v \cdot t_r.$$

Wenn keine Abflußverminderung eintritt, gilt:

$$8b) \qquad Q = \varphi \cdot i_r \cdot F = \varphi \cdot i_r \cdot b \cdot L = \varphi \cdot i_r \cdot b \cdot v \cdot T.$$

Der Beiwert η, der die Abflußverminderung darstellt, ergibt sich allgemein zu:

$$9) \qquad \eta = \frac{Q_{max}}{Q} = \frac{\mathfrak{f}_{max} \cdot \varphi \cdot i_r}{F \cdot \varphi \cdot i_r} = \frac{\mathfrak{f}_{max}}{F}$$

und für das Rechteck:

$$9a) \qquad \eta = \frac{t_r}{T}.$$

Die vorstehend beschriebene Abflußverminderung infolge der kurzen Dauer der Starkregen wurde bisher vielfach als »Verzögerung« und der Beiwert η als »Verzögerungsbeiwert« bezeichnet. Der Einfluß der Regendauer auf den Abfluß des Regenwassers hat mit irgendeiner Verzögerung nicht das geringste zu tun, der Ausdruck sollte als überholt gelten.

Die Abflußmengen des in der Abb. 12_{1-3}, dargestellten Regenfalles auf die Rechtecksfläche sind in Abb. 13 als Ordinaten eines rechtwinkeligen Koordinatensystems aufgetragen, dessen Abszisse die Zeit ist. Die der Darstellung der Abb. 12_{1-3}, in den einzelnen Phasen 1, 2 und 3 entsprechenden Zeitabschnitte sind durch die Lage der entsprechenden Schnitte in Abb. 13 angegeben. Eine Parallele im Abstande der Regendauer t_r zu der durch den Nullpunkt gehenden sog. »Anlaufkurve« (in diesem Falle gerade Linie) liefert die »Ablaufkurve« und damit die Begrenzung der »Abflußfläche« (in Abb. 13 schraffiert).

In Abb. 13 ist die Abflußfläche für einen zweiten Regen längerer Dauer und infolgedessen geringerer Intensität gestrichelt dargestellt. Die hieraus resultierende größte Durchflußmenge ist trotz der geringeren Intensität infolge der längeren Regendauer größer als bei dem heftigeren, aber kürzeren Regen.

Bei den bisher untersuchten Rechtecksflächen ist die Geschwindigkeit des Regenwasserabflusses senkrecht zur Richtung des Sammelkanals außer acht gelassen. Wird diese Abflußgeschwindigkeit berücksichtigt und wird sie näherungsweise gleich der Geschwindigkeit im Kanal gesetzt, so ist die Begrenzung der Beitragsfläche in Abb. 12₄ nicht parallel einer Rechteckskante, sondern unter 45° gegen den Kanal geneigt. In den drei Zeitabschnitten des Regenfalles, Anwachsen bis zum Größt-

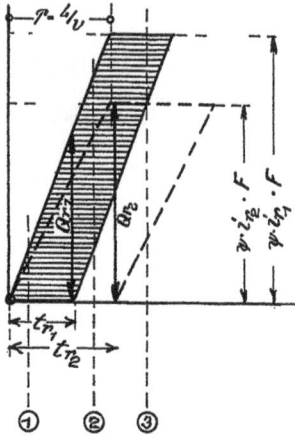

Abb. 13. Abflußfläche.

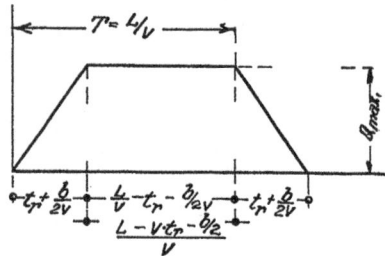

Abb. 14. Durchflußplan.

abfluß, Gleichbleiben des Größtabflusses und Absinken des Abflusses bis auf 0 erscheint jetzt die Dauer des ersten Zeitabschnittes zu

$$t_1 = t_r + \frac{b}{2v},$$

wenn b die Flächenbreite ist, die des zweiten zu

$$t_2 = \frac{L - v \cdot t_r - b/2}{v},$$

die des dritten zu

$$t_3 = t_r + \frac{b}{2v}.$$

Mit diesen Werten ist in Abb. 14 die »Abflußfläche« auf einer wagerechten Basis aufgetragen und wird damit zum sog. »Durchfluß-plan«.

In Abb. 15 ist für eine Rechtecksfläche der Abflußvorgang bei verschiedenen Regenfällen noch einmal dargestellt. Die Ordinaten der jeweiligen Größtabflußmengen sind durch eine stark ausgezogene Linie miteinander verbunden. Es ist ersichtlich, daß nur dann eine Abfluß-verminderung eintreten kann, wenn die Regendauer kleiner ist als die Fließzeit, d. h. wenn der Anfangspunkt der Ablaufkurve unter der Anlauf-kurve liegt, das ist z. B. in Abb. 15 bei den Regen von 5, 10 und 15 min Dauer der Fall. Erreicht der Anfang der Ablaufkurve den Endpunkt der

Anlaufkurve (in Abb. 15 beim 20-min-Regen), so hört die Abflußverminderung gerade auf. Mit der Darstellung der Abb. 15 läßt sich für das rechteckige Entwässerungsgebiet und eine Regenreihe ähnlich der

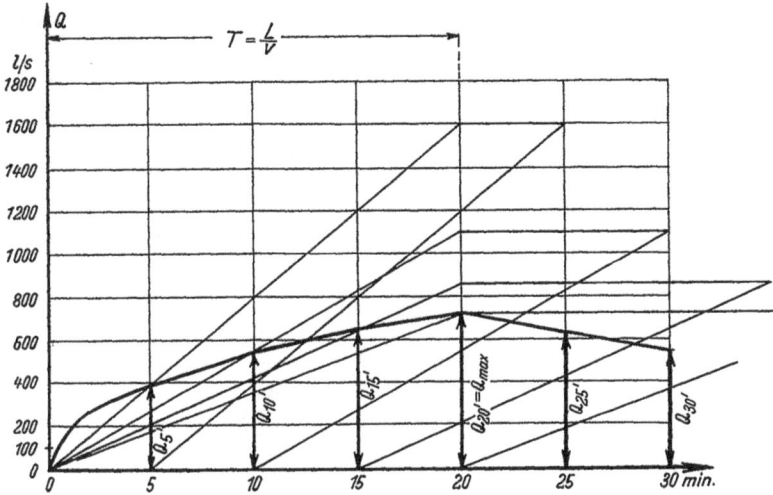

Abb. 15. Durchflußmenge für versch. Regendauer. Rechteckfläche 10 ha.
Hamb. Regenreihe. $v = $ const.

Hamburger (Stettin, Berlin usw.) beweisen, daß unter der Annahme einer gleichmäßigen Abflußgeschwindigkeit der Größtabfluß sich immer dann ergibt, wenn der Einfluß der Abflußverminderung gerade aufhört, d. h. wenn die Regendauer gleich der Fließzeit durch das Entwässerungsgebiet ist. Diese Bedingung genügt für regelmäßig geformte Entwässerungsgebiete, bei denen die Größe des Einzugsgebietes ungefähr gleichmäßig mit zunehmender Kanallänge wächst — sie genügt aber z. B. nicht für Gebiete der Abb. 16, die eine so unregelmäßige Form zeigen, daß z. B. nach einer bestimmten Lauflänge des Kanals eine plötzliche starke Größenänderung des Einzugsgebietes auftritt.

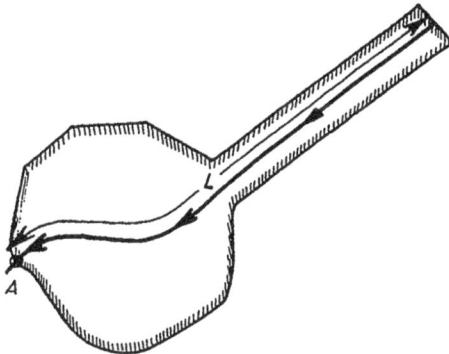

Abb. 16. Unregelmäßig geformtes Entwässerungsgebiet.

Aus der Abb. 16 wird ohne weiteres evident, daß die Dauer des ungünstigsten Regens kleiner sein muß als die Gesamtfließzeit. Die Minderung der Abflußmenge, die dadurch entsteht, daß im obersten Teil des schmalen Einzugsgebietes der Abb. 16 kein Abflußbeitrag geliefert wird, wird weit übertroffen durch die Minderung der Abflußmenge, die dadurch entstehen würde, daß bei einer Regendauer gleich der Gesamtfließzeit für das Hauptentwässerungsgebiet mit einer geringeren Regenintensität gerechnet werden müßte. Die Form des Entwässerungsgebietes ist also u. U. entscheidend für die Abflußverminderung infolge der Regendauer.

Die sog. „Verzögerungsformeln".

Zur Ermittlung der Abflußverminderung infolge der kurzen Dauer der Starkregen waren früher sog. »Verzögerungsformeln« gebräuchlich, die sich zumeist mehr oder weniger eng an die von Bürkli für Zürich abgeleitete Formel $\eta = \sqrt[4]{\dfrac{J}{F}}$ anlehnten. Hierin bedeuten:

η den Verzögerungsbeiwert,
J das Gefälle auf Tausend,
F die Entwässerungsfläche.

Die Bürklische Formel wurde in der Regel in der vereinfachten Form

$$\eta = \frac{1}{\sqrt[4]{F}}$$

angewendet. Brix wollte für stärkere Gefälle (größer als 1:1000)

$$\eta = \frac{1}{\sqrt[6]{F}}$$

setzen, Mairich hingegen für starke Gefälle und mäßige Gebietsgröße:

$$\eta = \frac{1}{\sqrt[7]{F}}\,.$$

Allen diesen Formeln ist die Abhängigkeit von der Größe des Entwässerungsgebietes gemeinsam, sie berücksichtigen aber nicht die Form der Entwässerungsgebiete. Für ein rechteckiges Entwässerungsgebiet gilt z. B. nach Gleichung 9 a):

$$\eta = \frac{t_r}{T}, \text{ oder } T = \frac{L}{v}$$

eingesetzt:

$$\eta = \frac{v \cdot t_r}{L} = \frac{c \cdot \sqrt{R \cdot J} \cdot t_r}{L},$$

während die vereinfachte Bürklische Formel

$$\eta = \frac{1}{\sqrt[n]{F}} = \frac{1}{\sqrt[n]{b \cdot L}}$$

liefert. Die beiden Ausdrücke für η zeigen keine Übereinstimmung. Auf die Unmöglichkeit, den komplizierten Abflußvorgang für die in der Praxis vorkommenden Entwässerungsgebiete mit einer einfachen Faustformel erfassen zu wollen, hat seinerzeit Frühling zuerst hingewiesen. Die Unzulänglichkeit der bisher entwickelten Formeln ist inzwischen allgemein anerkannt. Die »Verzögerungsformeln« haben genau so wie die Ausdrücke »Verzögerung« und »Verzögerungsbeiwert« als überholt zu gelten.

Das Summenlinienverfahren.

Für die Ermittlung der Abflußverminderung infolge der kurzen Dauer der Starkregen sind ausgehend von den Frühlingschen Arbeiten eine Reihe von Verfahren graphischer und rechnerischer Art entwickelt worden, so von Range (22), Schrank (23), Schulze (24), Kalbfuß (25), Judt (26), Hauff-Vikari (27), Eigenbrodt (9), Heydt (12), Breitung (8) u. a. Das Verfahren Eigenbrodts ist von diesem 1922 veröffentlicht worden, während die anderen Verfahren sämtlich älter sind.

Eigenbrodt arbeitet mit der »Einzugsfläche« statt mit der »Abflußmenge«, wie Hauff-Vikari. Die »typische Einzugsfläche« (nach Eigenbrodt) ergibt sich unter der Annahme, daß die Dauer des ungünstigsten Regens gleich der Fließzeit des Wassers durch das Entwässerungsgebiet ist $(t_r = T)$. Ist die Regendauer kleiner als die Fließzeit, wird die maßgebende Einzugsfläche zur »kritischen«. Wenn die Ermittlung der »typischen« Einzugsfläche noch relativ einfach ist, so wird zur Ermittlung der »kritischen« Einzugsfläche immer eine langwierigere Proberechnung oder die Zeichnung einer Flächensummenlinie erforderlich. Die Annahme: Regendauer = Fließzeit, die wie später noch erwähnt wird, auch Imhoff bei seinem sog. »Zeitbeiwert«-Verfahren macht, stimmt wegen der oft unregelmäßigen Gebietsformen und wegen der in der Regel geringen Wassergeschwindigkeiten in den Anfangsstrecken eines Leitungssystemes nicht immer und deshalb wird das Eigenbrodtsche Verfahren in seiner Durchführung nicht ganz so klar und einfach wie z. B. die später erläuterte Zahlentafelrechnung und wie das graphische Verfahren Hauff-Vikari. Dem Eigenbrodtschen Verfahren, das im übrigen von Schubert im Gesundheits-Ingenieur 1922 kritisch beleuchtet wurde, fehlt vor allem auch der Begriff der jährlichen Häufigkeit der Überregnung, der von Heydt als der Begriff der »wirtschaftlich gleichwertigen Regen« eingeführt ist und der heute für die Bildung der Regenreihen in fast allen Städten in Gebrauch ist.

Das bekannteste graphische Verfahren zur Ermittlung des Größtabflusses ist von Hauff-Vikari (27) in Gestalt des sog. »Verzögerungsplanes« angegeben und u. a. von Breitung (8) weiter entwickelt worden. Die Weiterentwicklung dieses »Verzögerungsplanes« besitzt in der bei den Tiefbauämtern unserer Städte heute gebräuchlichen Form eine gewisse Ähnlichkeit mit der Anwendung der bei wasserbaulichen Aufgaben vielfach verwendeten »Summenlinie«. Das Verfahren soll hier deshalb »Summenlinienverfahren« genannt werden zum Unterschied gegen den alten Verzögerungsplan, der noch eine mehrfache Durchführung der zeichnerischen Arbeit nötig machte. Darauf wird weiter unten noch eingegangen.

Für die Ableitung des Verfahrens werde ein Abflußgebiet einfachster Art mit einem Seitenkanal betrachtet (s. Abb. 17). An- und Ablaufkurve sind im dritten Quadranten eines rechtwinkligen Koordinatensystems dargestellt, dessen Ordinaten die Wassermengen und dessen Abszissen die Fließzeiten sind. Bei der Auftragung der Fließzeiten muß, z. B. bei Ein-

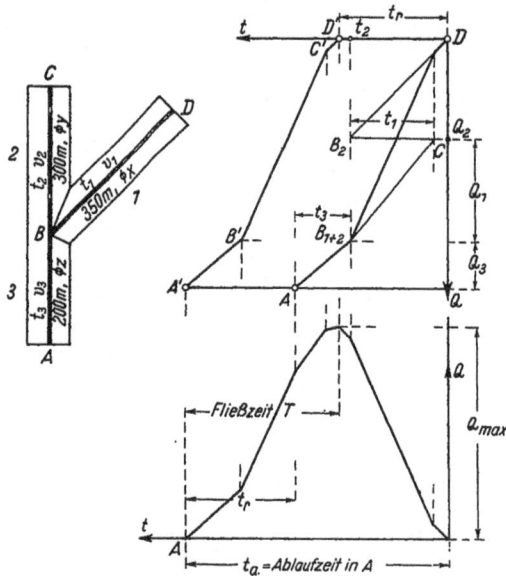

Abb. 17. Ableitung der Summenlinie.

mündung eines Nebensammlers, die zeitliche Folge der einzelnen Abfluß-vorgänge genau beachtet werden. Es ist ersichtlich, daß die Ordinate der Wassermenge z. B. für das Kanalende A gleich der Summe der Teilwasser-mengen ist, die Zeitabszisse für den Punkt A dagegen nicht gleich der Summe aller einzelnen Fließzeiten $t_1 + t_2 + t_3$, sondern gleich $t_2 + t_3$ ist, da Sammler 1 und 2 gleichzeitig und nicht nacheinander durchflossen werden, die Fließzeit durch den Seitenkanal 1 also in den Zeitraum der Fließ-zeit durch den Sammler 2 fällt. Die Endpunkte der Teilstrecken der An-laufkurve, die den Sammlerstrecken 1 und 2 entsprechen, müssen also unter-einander liegen. Die Anlaufkurve wird nun in bekannter Weise durch Ad-dition der Ordinatenabschnitte zu einer »Summenlinie« zusammengefaßt.

Für die Auftragung der Summenlinie ist es bei großen Gebieten nicht notwendig, durch jeden Brechpunkt der Anlaufkurve eine Additionsvertikale für die Ordinatenabschnitte zu legen, sondern es genügt, Vertikalen in 150—200 s Abstand willkürlich zu ziehen. Die dadurch eintretende Ungenauigkeit ist ohne Belang.

Hört der Regenfall nach t_r min auf, so entsteht eine Ablaufkurve parallel zur Anlaufkurve (Summenlinie) im Abstande t_r. Die Ordinatendifferenzen zwischen An- und Ablaufkurve ergeben die jeweiligen Durchflußmengen bei A, die auf Abb. 17 unten zu einem »Durchflußplan« mit wagerechter Basis zusammengestellt sind. Eine Abflußverminderung entsteht nur dann, wenn die Regendauer kleiner ist als die Durchflußzeit, d. h. wenn der Anfangspunkt der Ablaufkurve noch unter die Anlaufkurve fällt. Das ist z. B. in Abb. 17 der Fall. Die größte Abflußmenge Q_{max} ist aus dem Durchflußplan abzugreifen.

Für jeden beliebigen Punkt A des Kanalnetzes können auf diese Weise Durchflußpläne für verschiedene Regen der Regenreihe gezeichnet werden. Die aus den einzelnen Berechnungsregen resultierenden Abflußmengen werden am besten in einer graphischen Darstellung verglichen (28) und aus diesem Vergleich (also durch Probeberechnung) wird dann der Regen gefunden, der den größten Abfluß bei A erzeugt. Damit ist die Möglichkeit einer genauen graphischen Lösung bewiesen. Der dabei entstehende Arbeitsaufwand ist jedoch sehr groß, wie weiter unten gezeigt werden wird. Es kommt also darauf an, die genaue umständliche Lösung durch ein einfacheres Näherungsverfahren zu ersetzen.

Bei dem graphischen Verfahren, das nun abgeleitet werden soll, wird, um die Übersicht zu behalten, nebenbei eine Rechnungszahlentafel geführt. Die Wassermengen werden für die Einzelbeitragsflächen aus der Gleichung $Q = f \cdot i_r \cdot \varphi$ für einen bestimmten Regen i_r ermittelt. Danach wird das Kanalprofil, die Abflußgeschwindigkeit und die Fließzeit berechnet. Die Ordinatendifferenz zwischen An- und Ablaufkurve liefert den Größtabfluß und damit wieder andere Werte der Geschwindigkeit. Wenn der Plan einmal gezeichnet ist, müßte seine Auftragung so lange wiederholt werden, bis die verbesserten Werte der Geschwindigkeit, Fließzeit und des Größtabflusses eine genügende Übereinstimmung zeigen. Es müßte also ein erster, zweiter und u. U. ein dritter graphischer Plan aufgetragen werden. Für eine Vereinfachung des Verfahrens kommt es also darauf an, gleich von vornherein die richtige Abflußgeschwindigkeit zu schätzen, um die richtige Fließzeit auftragen zu können, die dem gesuchten Größtabfluß entsprechen muß.

Die Auftragung der Anlaufkurve erfolgte bisher nur für einen Regen i_r, während die Möglichkeit besteht, daß andere Regen der Regenreihe größere Abflußmengen ergeben. Der wegen der Differenz in den Fließzeiten schon für einen Regen u. U. mehrfach gezeichnete »Plan« müßte also auch noch für verschiedene Regen wiederholt gezeichnet werden. Zum zweiten kommt es also darauf an, in einem Arbeitsgange alle überhaupt innerhalb der Regenreihe möglichen Regen auf ihren Größtabfluß hin zu untersuchen. Die obengenannten Erfordernisse sind durch die weitere Entwicklung des Verfahrens, die zu dem nachstehend beschriebenen »Näherungsverfahren« geführt hat, erfüllt worden. Die zeichnerische Arbeit kann auf eine einmalige Auftragung der Summenlinie reduziert werden (27 u. 8).

Für ein bestimmtes Entwässerungsgebiet ist in Abb. 18 eine Summenlinie gezeichnet. Für jeden Kanalpunkt läßt sich die Durchflußmenge nach einer beliebigen Zeit t_x, von Beginn des Regens an gerechnet, mit Hilfe des Hauffschen Regenabflußdiagrammes leicht bestimmen.

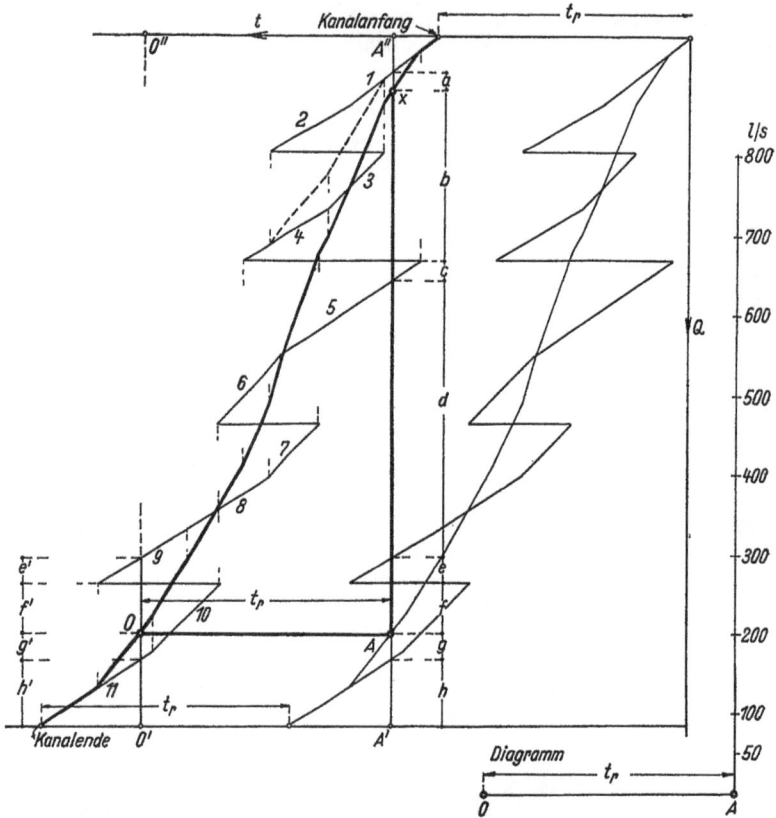

Abb. 18. Konstruktion einer Summenlinie.

Behauptung: $\overline{Ax} = Q = a + b + d + f + g$.

Beweis: $\overline{Ax} + \overline{AA'} = a + b + d + f + g + e + h$; nach d. Σ-Linie.

$\overline{AA'} = \overline{OO'} = h' + g'$; $g' = e'$ n. d. Σ-Linie.

$\overline{OO'} = h' + e'$, $h' = h$, $e' = e$ n. Konst.

$\overline{AA'} = \overline{OO'} = h + e$. $Ax = a + b + d + f + g$.

Das Diagramm ist in seiner einfachsten Form ein Achsenkreuz, in dem auf der Abszissenachse die Regendauer t_r des Berechnungsregens und darüber auf einer Parallele zur Ordinatenachse die Durchflußmengen in l/s im Maßstab der Anlaufkurve aufgetragen sind. Das Diagramm ist unten rechts auf Abb. 18 dargestellt — es soll die jedesmalige Auftragung des Durchflußplanes nach Abb. 17 unten ersparen. Mit diesem Diagramm wird so auf der Summenlinie entlanggefahren, daß der 0-Punkt immer auf der Summenlinie liegt und die Achsenkreuze dabei parallel bleiben. Der größte Abschnitt, den dabei die Summenlinie auf der Diagrammvertikale abschneidet, ist dann die größte Durchflußmenge beim Kanalende.

Der Beweis ist aus der Abb. 18 ersichtlich. Behauptet wird, daß der Abschnitt auf der Diagrammordinate $A\,X$ bei Parallelstellung der Achsenkreuze die jeweilige Durchflußmenge angibt. Dieser Abschnitt muß analog der Zeichnung des »Durchflußplanes« nach Abb. 14 und 17 gleich sein der Differenz zwischen An- und Ablaufkurve. Da in dem Diagramm die Abszisse der Regendauer, also dem wagerechten Abstand der Anlaufsummenlinie von der Ablaufsummenlinie, entspricht, ergibt der Ordinatenabschnitt tatsächlich die Ordinatendifferenz zwischen der An- und Ablaufsummenlinie und damit auch zwischen der ursprünglichen An- und Ablaufkurve.

Mit Hilfe dieses Regenabflußdiagrammes kann also ohne Zeichnung der Ablaufkurve und des Durchflußplanes der größte Durchfluß an jeder Stelle gefunden werden.

Das bisher verwendete Regenabfluß- diagramm galt nur für den Regen, für den die Summenlinie in gleichem Maßstab ge- zeichnet war, in der Regel also für den kürzesten Regen der Regenreihe. Für eine Reihe von Regen müßten demnach so viele Diagramme benutzt werden, wie Regenfälle zu untersuchen sind. Die Diagramme wür- den dann, in eine Figur zusammengetragen, wie Abb. 19 aussehen. Die an der Ordinate eingetragenen Maßstabszahlen gelten aber nur für den einen Regen, in der Regel für den kürzesten, für den die Summen- linie berechnet und aufgetragen ist, da nur für diesen einen Regen der Maßstab des Diagrammes und der Summenlinie der

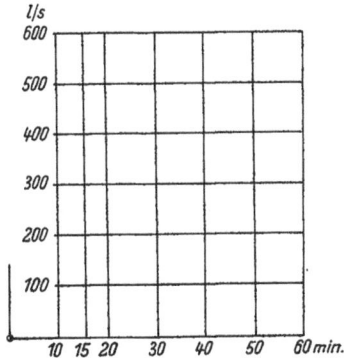

Abb. 19. Regenabflußdiagramm.

gleiche ist. Die Maßeinheit bei den anderen Regen hat gemäß ihrer anderen Intensität für Summenkurve und Diagramm einen anderen Wert. Die an den Vertikalen für die 15′, 20′ und 30′ Regen usw. abgelesenen Werte müßten also, um dem veränderten Maßstab Rechnung zu tragen, im Verhältnis der Intensitäten $\dfrac{i_{15}}{i_{10}}$ bzw. $\dfrac{i_{20}}{i_{10}}$ bzw. $\dfrac{i_{30}}{i_{10}}$ usw. reduziert werden. Diese jedesmalige Reduktion des Maßstabes ist umständlich und nimmt dem

Verfahren die Übersichtlichkeit. Die Reduktion wird deshalb besser schon bei der Auftragung des Regenabflußdiagrammes am Maßstab desselben durchgeführt. Dann kann bei der Auflegung des Diagrammes auf die Summenlinie der Größtabfluß einfach abgelesen werden.

Ist z. B. die Einheit beim 10-min-Regen ($i_{10} = 115$ l/s/ha) 1 cm $=100$l/s gewählt (im Diagramm und in der Summenlinie), dann ist dieselbe Einheit:

beim 15'-Regen, 1 cm $= \dfrac{100 \cdot 87}{115} = 75,6$ l/s, oder 100 l/s $= 1,32$ cm
($i = 87$ l/s/ha)

„ 20'-Regen, 1 cm $= \dfrac{100 \cdot 70}{115} = 61$ l/s, oder 100 l/s $= 1,64$ cm
($i = 70$ l/s/ha)

„ 30'-Regen, 1 cm $= \dfrac{100 \cdot 52}{115} = 45,3$ l/s, oder 100 l/s $= 2,21$ cm
($i = 52$ l/s/ha)

„ 40'-Regen, 1 cm $= \dfrac{100 \cdot 42}{115} = 36,5$ l/s, oder 100 l/s $= 2,74$ cm
($i = 42$ l/s/ha)

„ 50'-Regen, 1 cm $= \dfrac{100 \cdot 36}{115} = 31,3$ l/s, oder 100 l/s $= 3,2$ cm
($i = 36$ l/s/ha)

„ 60'-Regen, 1 cm $= \dfrac{100 \cdot 31}{115} = 27,0$ l/s, oder 100 l/s $= 3,71$ cm
($i = 31$ l/s/ha)

Statt einer Schar paralleler Geraden im Diagramm der Abb. 19 entsteht nach den in der letzten Kolonne der vorstehenden Zahlentafel errechneten Maßstabseinheiten in Abb. 20 eine Schar divergierender Kurven.

Um ein und dasselbe Diagramm auf Pauspapier gezeichnet für alle vorkommenden Summenlinienpläne benutzen zu können. wird an den Ordinaten keine Maßstabsunterteilung angeschrieben. Die Ordinate ist vielfach unterteilt und die Einheit kann 20 l/s, 30 l/s . . . 100 l/s usw. bedeuten, je nach dem Maßstab der Summenlinie. Ein solches für alle Fälle brauchbares Diagramm ist auf Abb. 21 dargestellt. In der Abbildung ist eine Summenlinie und die Auffindung des Größtabflusses angedeutet.

Das Verfahren kann noch dadurch weiter entwickelt werden,

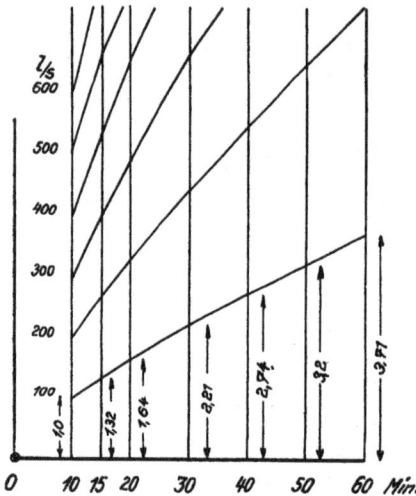

Abb. 20. Regenabflußdiagramm, Regenreihe:

$i_{10} = 115$ l/s/ha	$i_{40} = 42$ l/s/ha
$i_{15} = 87$ »	$i_{50} = 36$ »
$i_{20} = 70$ »	$i_{60} = 31$ »
$i_{30} = 52$ »	

daß eine Änderung des Abflußbeiwertes mit der Regendauer berücksichtigt wird. Beispielsweise soll die Rechnung hier unter der Annahme einer Steigerung des Abflußbeiwertes mit zunehmender Regendauer durchgeführt werden. Ob die Annahme der Zunahme des Abflußbeiwertes mit der Regendauer

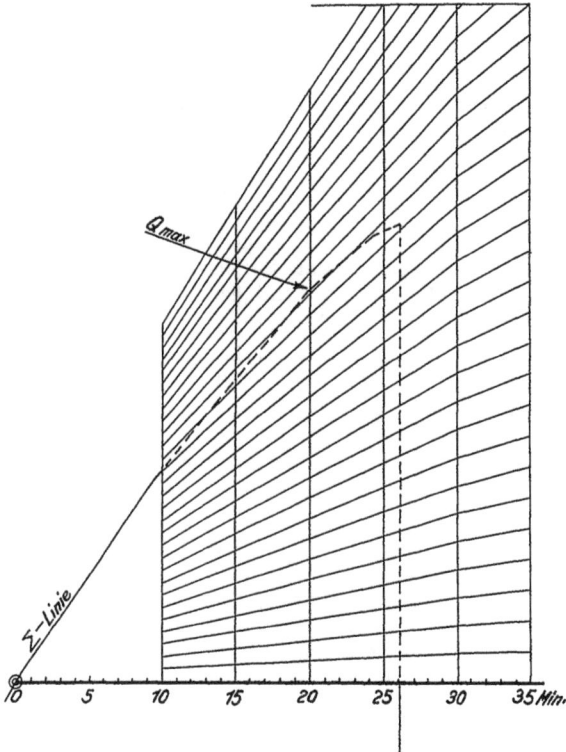

Abb. 21. Regenabfluß-Diagramm.
Regenreihe:

10	15	20	25	30 min usw.
115	87	70	60	52 l/s/ha.

tatsächlich berechtigt ist, wird weiter unten bei der Besprechung des Abflußbeiwertes erörtert werden. Das Verfahren soll hier nur wiedergegeben werden, um zu zeigen, wie eine Abhängigkeit des Abflußbeiwertes von der Regendauer (bzw. Regenstärke) bei dem Verfahren der Summenlinie überhaupt berücksichtigt werden kann.

Kehr, Regenwasser.   4

Eine Regenreihe für den alle Jahre einmal erreichten Regen lautet z. B.:
Intensität in l/s/ha für eine Regendauer von min:

10	15	20	30	40	50	60 min
115	87	70	52	45	38	33 l/s/ha

Die Zunahme des Abflußbeiwertes mit der Regendauer kommt in der nachstehenden Aufstellung zum Ausdruck:

Abflußbeiwert bei einer Regendauer von min:

10	15	20	30	40	50	60	beim Dauerabfluß
0,50	0,53	0,54	0,55	0,56	—	0,57	0,60

Mit diesen Abflußbeiwerten sind die Intensitäten der obenstehenden Regenreihe multipliziert und ergeben dann die folgenden Abflußmengen, die also eine Zunahme des Abflußbeiwertes mit der Regendauer berücksichtigen:

Abflußmengen in l/s/ha bei einer Regendauer von min:

10	15	20	30	40	50	60 min
58	46	38	29	25	21	19 l/s/ha

Diese Abflußmengen stehen zueinander in dem folgenden Verhältnis:

Regendauer	10	15	20	30	40	50	60 min
Verhältniszahl	1	: 0,79	: 0,66	: 0,50	: 0,43	: 0,36	: 0,33

Diese Verhältniszahlen müssen auch für Gebiete einer anderen Bauklasse, also für Gebiete mit einem anderen Dauerabfluß gelten. Deshalb muß schon bei der Aufstellung der entsprechenden Regenreihen bzw. der entsprechenden Abflußzahlen auf die Innehaltung der gleichen Proportionalität Bedacht genommen werden.

Mit dem reziproken Werte der obenstehenden Verhältniszahlen (10′-Regen = 1 gesetzt) werden dann die Maßeinheiten des Regenabflußdiagrammes multipliziert. Es sind dann z. B.

$$\text{beim } 10'\text{-Regen, } 100 \text{ l/s} = \frac{1}{1} = 1 \quad \text{cm}$$

$$,, \quad 15'\text{-Regen, } 100 \text{ l/s} = \frac{1}{0,79} = 1,26 \text{ cm}$$

$$,, \quad 20'\text{-Regen, } 100 \text{ l/s} = \frac{1}{0,66} = 1,52 \text{ cm}$$

$$,, \quad 30'\text{-Regen, } 100 \text{ l/s} = \frac{1}{0,50} = 2,00 \text{ cm}$$

$$\text{beim } 40' \text{ - Regen, } 100 \text{ l/s} = \frac{1}{0,43} = 2,32 \text{ cm}$$

$$\text{,, } 50' \text{ - Regen, } 100 \text{ l/s} = \frac{1}{0,36} = 2,9 \text{ cm}$$

$$\text{,, } 60' \text{ - Regen, } 100 \text{ l/s} = \frac{1}{0,33} = 3,3 \text{ cm}$$

In dem mit diesen Zahlen gezeichneten Diagramm ist also eine Zunahme des Abflußbeiwertes mit der Regendauer berücksichtigt. Auf ähnliche Weise kann jede beliebige Änderung des Abflußbeiwertes mit der Regendauer berücksichtigt werden.

Bei der Anwendung des Summenlinienverfahrens werden für den stärksten und kürzesten Regen die Abflußmengen und daraus Profil, Geschwindigkeit und Fließzeit bestimmt und in die Zahlentafel eingetragen. Solange die Summe der Fließzeit die kürzeste Regendauer nicht überschreitet, macht sich keine Abflußverminderung bemerkbar, und die zunächst in die Zahlentafel eingetragenen Werte sind endgültig. Geht die Fließzeit aber über die kürzeste Regendauer hinaus, dann muß eine kleine Proberechnung zur Ermittlung der Abflußgeschwindigkeit des gesuchten Größtabflusses durchgeführt werden. Dazu wird mit dem Fortschreiten der Zahlentafel sogleich die Summenkurve aufgetragen und gleichzeitig mit dem Regenabflußdiagramm die verminderte Wassermenge (Größtabfluß) gesucht. Nach dem so gefundenen Größtabfluß werden die bisher in der Zahlentafel eingesetzten Werte der Geschwindigkeit und Fließzeit und nach letzterer wiederum die Summenlinie berichtigt. Die berichtigte Summenlinie liefert einen berichtigten Größtabfluß, der in der Regel keine weitere Korrektur der Fließzeit mehr nötig machen wird. Durch diese fortlaufende Korrektur wird gleich die Summenlinie mit den richtigen Fließzeiten aufgetragen ohne die Fehler, die wie weiter vorn erwähnt, früher eine mehrmalige Zeichnung des Planes nötig machten. Unterschiedlich zu der aus der graphischen Hydraulik bekannten Summenlinie werden bei dem hier besprochenen Verfahren also Wassermengen mit Fließzeiten zusammen aufgetragen, die einander nicht entsprechen. Die Wassermengen werden unvermindert aufgetragen, die Fließzeiten aber so, daß sie dem gesuchten Größtabflusse, also der verminderten Wassermenge entsprechen. Die hier verwendete Summenlinie ist also keine wahre Darstellung des Abflußvorganges, sondern ein Näherungsverfahren zur Auffindung des Größtabflusses. Wie weiter vorn gezeigt wurde, werden auch die Wassermengen aus dem Plan nicht maßstäblich abgegriffen, sondern mit einem verzerrten Maßstab (Hauffsches Diagramm). Die mit diesem verzerrten Maßstab abgelesenen Wassermengen entsprechen dann tatsächlich den aufgetragenen Fließzeiten.

Mit Hilfe des Hauffschen Regenabflußdiagrammes lassen sich alle Regen der Regenreihe in einem Arbeitsgange auf ihren Größtabfluß Q_{max} hin untersuchen. Für jeden einzelnen Kanalpunkt kann bei nur einmaliger Auftragung der Summenlinie der Größtabfluß sofort abgelesen werden.

Man fährt mit dem Nullpunkt des Diagrammes auf der Summenlinie entlang und sucht einfach die Lage, in der die Summenlinie im Diagramm den größten Abschnitt von Q ergibt.

Ein weiterer Vorteil in der Anwendung des Diagrammes vor anderen Verfahren liegt darin, daß nicht nur einige bestimmte Regen der Regenreihe, z. B. nur die Regen von 10, 15, 20, 30 usw. min Dauer auf ihren Abfluß hin

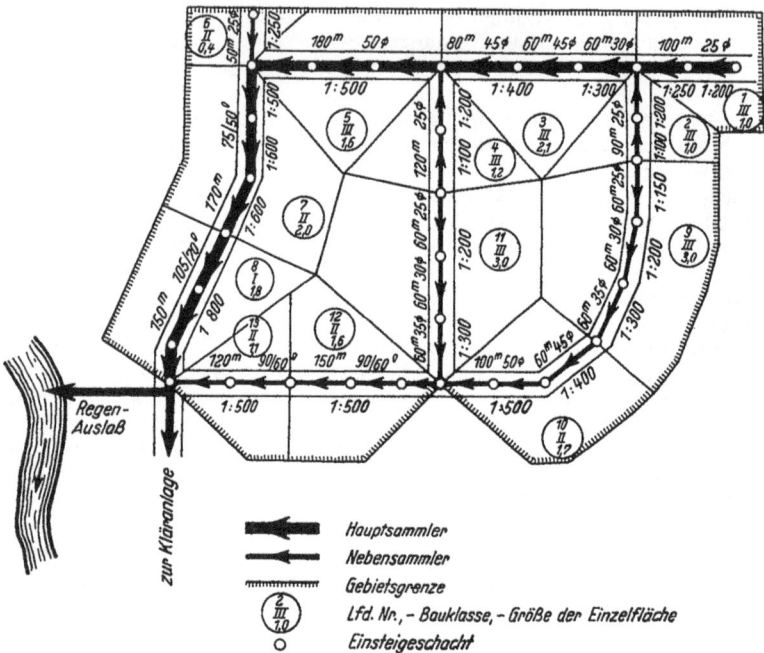

Abb. 22. Summenlinien-Verfahren.
Lageplan.

untersucht werden, sondern alle innerhalb der Regenreihe überhaupt möglichen Regenfälle. Das wird allerdings auch bei der weiter unten dargestellten rechnerischen Lösung, der »Zahlentafelrechnung« erreicht.

Im folgenden soll das Summenlinienverfahren für ein kleines Entwässerungsgebiet als Anwendungsbeispiel vollständig durchgeführt werden.

In der Abb. 22 ist ein kleines Entwässerungsgebiet mit einem Regenauslaß dargestellt, für das die Kanaldimensionierung auf Grund des Summenlinienverfahrens durchgeführt ist. Um den graphischen Plan der Abb. 22 nicht zu umfangreich und unübersichtlich werden zu lassen, um also mit kleinen Fließzeiten auszukommen, wurde für das Beispiel der 5-min-Regen als kürzester Regen angenommen. Diese Annahme gilt aber nur für das hier durchgeführte Beispiel und darf nicht verallgemeinert werden. Weiter unten wird vielmehr nachgewiesen, daß im allgemeinen der 10′-Regen als kürzester Berechnungsregen völlig ausreicht. Im Lageplan der Abb. 22 sind die auf NN bezogenen Höhen des Geländes und der Kanalsohle fortgelassen, um die Übersichtlichkeit bei der starken Verkleinerung nicht zu sehr zu beeinträchtigen.

Der Entwurf beginnt mit der Festlegung der Trasse von Hauptsammler und Nebensammlern auf Grund der Geländegefälle, der Lage der Vorflut usw. Zur Ermittlung der günstigsten Trasse können u. U. Ver-

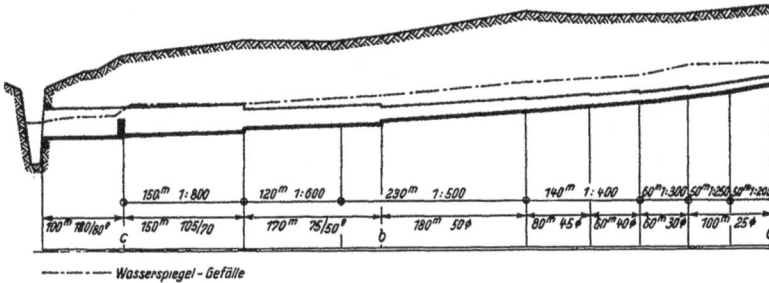

Zu Abb. 22.
Längenprofil des Hauptsammlers.

gleichsentwürfe notwendig werden. Nach der Festlegung der Linienführung der Kanäle wird das gesamte Entwässerungsgebiet in Teilgebiete und diese wiederum in einzelne Beitragsflächen abgegrenzt. In jede Beitragsfläche wird die zugehörige laufende Nummer — die Zählung beginnt mit der obersten Fläche an der Wasserscheide — die Bauklasse und die Größe in Hektar eingeschrieben. Aus einem Längenprofil oder auch aus den Höhen des Lageplanes wird das Sohlengefälle der Kanäle ohne Rücksicht auf etwa anzuordnende Sohlenabstürze ermittelt und im Lageplan und Schnitt eingeschrieben.

Der Kopf der Rechnungszahlentafel ist der Übersichtlichkeit wegen so kurz wie möglich zu halten. Im Kopf der Rechnungszahlentafel wird deshalb zweckmäßig nur aufgenommen:

1. Die laufende Nummer der Beitragsfläche (aus Lageplan zu ersehen),
2. die aus der einzelnen Beitragsfläche resultierende unverminderte Wassermenge (dazu Flächengröße und Bauklasse aus Lageplan ablesen, Einheitsabfluß für den kürzesten Regen der Regenreihe aus den Ergebnissen der Regenbeobachtungen entnehmen),
3. der Größtabfluß Q_{max} (Q_{max} wird aus einer Proberechnung ermittelt),
4. das Sohlengefälle (wird aus Längenschnitt oder Lageplan entnommen und dient als Anhalt zur Wahl des Kanalprofiles),

5. das Kanalprofil und
6. das Spiegelgefälle (Kanalprofil und Spiegelgefälle ergeben sich nach der Kutterschen oder Forchheimerschen Formel, aus dem bekannten Größtabfluß und den örtlichen Bedingungen),
7. die Abflußgeschwindigkeit (ergibt sich wie vor),
8. die Kanallänge (aus Lageplan oder Schnitt zu ersehen),
9. die Fließzeit (Quotient aus Kanallänge und Geschwindigkeit).

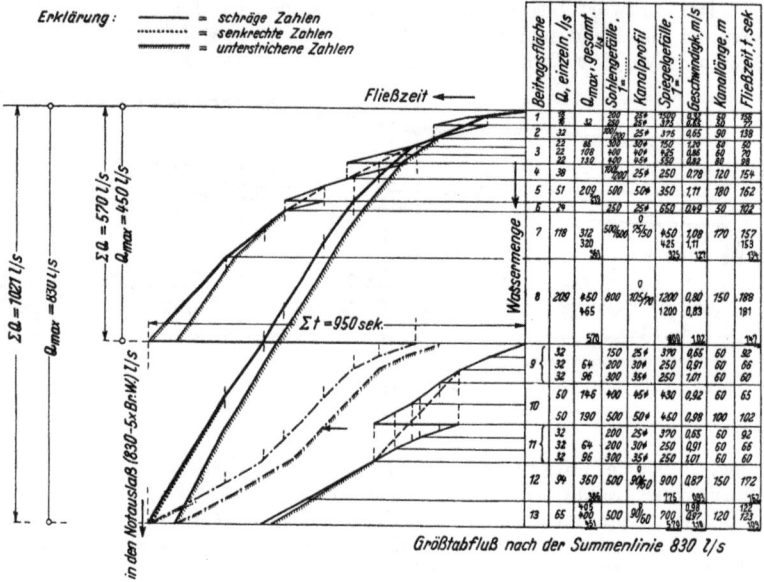

Zu Abb. 22.
Summenlinie und Zahlentafel.

Bauklasse		Abflußmengen bei Regendauer						
	5	10	15	20	30	40	min
I	116	106	90	76	58	47	l/s/ha
II	59	55	46	39	30	24	»
III	32	29	25	21	16	13	»

Die Werte der Kolonnen 1, 2, 4 und 8 können also ohne weiteres angeschrieben werden, zur Bestimmung der übrigen Kolonnenwerte ist, wie schon auf S. 51 auseinandergesetzt, eine kleine Proberechnung erforderlich. Zur Ermittlung des Größtabflusses wird zunächst von der Summe der Einzelwassermengen ausgegangen und dafür Kanalprofil, Spiegelgefälle, Geschwindigkeit und Fließzeit bestimmt. Dieser Gesamtabfluß (Ordinate) und die Fließzeit (Abszisse) werden im dritten Quadranten eines rechtwinkligen Koordinatensystems zu einer Anlaufkurve zusammengetragen, aus der fortlaufend nach dem jeweiligen Stande der Rechnung die »Summenkurve« gezeichnet wird. Auf diese Summenkurve wird das Regenabfluß-diagramm (Abb. 21) gelegt und der Größtabfluß Q_{max} abgelesen. Für den gefundenen Wert Q_{max} werden dann wiederum Kanalprofil, Spiegelgefälle und Fließzeit bestimmt und die der Summenlinie zuerst zugrunde gelegte Fließzeit danach berichtigt. Die berichtigte Summenlinie liefert dann wieder einen neuen Q_{max}-Wert. Die Proberechnung wird so lange fortgeführt, bis der Größtabfluß Q_{max}, die Fließzeit und die Summenlinie übereinstimmen. Die übereinstimmenden Werte werden als endgültige in die Zahlentafel eingeschrieben und die Summenlinie danach festgelegt. Sodann wird der Plan mit der nächsten Beitragsfläche fortgeführt. Diese Proberechnung ist nun nicht etwa so umfangreich, wie es hier den Anschein hat, bei einiger Übung gelingt von vornherein die Schätzung des tatsächlichen Größtabflusses genau genug, um eine Berichtigung der Fließzeit nicht mehr vornehmen zu müssen. Auf keinen Fall brauchen in der Praxis Geschwindigkeit, Fließzeit und Größtabfluß mehr als einmal berichtigt zu werden.

In der Rechnungszahlentafel der Abb. 22 sind die einzelnen Beitragsflächen, besonders die der Anfangsstrecken, oft noch weiter unterteilt, um eine möglichst sparsame Kanalbemessung zu erreichen, so wurde z. B. Beitragsfläche 11 mit 180 m Kanallänge noch dreimal unterteilt und statt 180 m Kanal von 35 cm Dmr. sind 60 m von 25 cm Dmr., 60 m von 30 cm Dmr. und 60 m von 35 cm Dmr. ausreichend. Die sparsamere Dimensionierung bringt auch Betriebsvorteile mit sich, weil die kleineren Leitungen in den Anfangsstrecken sich in Trockenwetterzeiten leichter rein halten. Wie weit diese Unterteilung betrieben werden soll, ist Sache der Genauigkeit der Entwurfsbearbeitung.

Die Linien des Summenlinienplanes zeigen in Abb. 22 mit einfach ausgezogenen Strichen die Anlaufkurve, gestrichelt die Zwischensummenlinien und stark ausgezogen die endgültige Summenlinie für das Gesamtgebiet. Die Auftragung beginnt mit der Beitragsfläche 1 und schreitet gleichmäßig bis zur Beitragsfläche 8 fort. Hier mündet ein längerer Nebensammler ein, für den die Fließzeit nicht im voraus bekannt ist. Der Anfangspunkt der Summenlinie für die Flächen 9 bis 13 ist also zunächst unbekannt. Es ist lediglich bekannt, daß der Endpunkt unter dem Endpunkt der Summenlinie für die Flächen 1 bis 8 liegen muß. Die Summenlinie für die Flächen 9 bis 13 wird deshalb zunächst mit beliebigem Anfangspunkt aufgetragen und nach Fertigstellung so parallel verschoben, daß ihr Endpunkt unter dem Endpunkt der Summenlinie der Beitragflächen 1 bis 8 zu liegen kommt. Die strichpunktierte Linie zeigt die verschobene Summenlinie der Flächen 9 bis 13.

Die Wasserspiegellinie, die sich auf Grund der Spiegelgefälle der Rechnungszahlentafel ergibt, wird in dem Längenschnitt eingetragen. Im allgemeinen empfiehlt es sich, zur bestmöglichen Ausnutzung der Kanalprofile die Wasserspiegellinie kurz über dem Scheitel der Kanäle verlaufen zu lassen, die Kanäle also etwas unter Stau zu setzen. Je nach der Tiefe der anzuschließenden Keller, Höfe usw. wird beurteilt, ob die Höhenlage der Wasserspiegellinie zulässig ist oder nicht. Liegt sie zu hoch, so müssen größere Profile gewählt und damit geringere Spiegelgefälle, also eine Senkung der Wasserspiegellinie erreicht werden. Die Rechnungsergebnisse werden bei einer Lage der Wasserspiegellinie über dem Scheitel der Kanäle sicherer, weil dann die der Auftragung der Summenlinie zugrunde gelegte Annahme voll gefüllter Kanäle mit den tatsächlichen Verhältnissen übereinstimmt. Die Annahme voller Füllung der Profile bringt aber auch keine großen Fehler mit sich, wenn etwa die Wasserspiegellinie unter den Profilscheitel sinken sollte, weil ja die Unterschiede in der Geschwindigkeit und damit in der Fließzeit zwischen voll gefülltem Profil und einem annähernd gefüllten Profil unerheblich sind.

Der Größtabfluß aus dem Gesamtgebiet berechnet sich nach dem durchgeführten Summenlinienverfahren für das gewählte Beispiel zu $Q_{max} =$ 830 l/s, während die Summe der Einzelwassermengen (aus dem 5-min-Regen) 1021 l/s betragen hätte. Die Gesamtfließzeit beträgt 950 s = 15,8 min.

Unter der Annahme, daß die Dauer des ungünstigsten Regens gleich der Fließzeit sei, würde sich ein Größtabfluß für das Gesamtgebiet ergeben von in

Bauklasse I   1,8 ha · 87 l/s/ha = 157 l/s
»   II   6,8 » · 44   »   = 300 »
»   III   12,9 » · 24   »   = 310 »
                        zusammen 767 l/s.

Die Rechnung unter der Annahme Fließzeit = Regendauer ergibt also in dem gewählten Beispiel keine erhebliche Abweichung vom Summenlinienverfahren.

In Abb. 21 sind vergleichsweise auch die Summenlinien eingetragen, die sich ohne Berichtigung der Fließzeit bzw. nach einer ersten Berichtigung der Fließzeit ergeben würden, ohne daß also mit Hilfe der oben beschriebenen Proberechnung die richtige Fließzeit gleich von vornherein aufgetragen wäre. Die Summenlinie, bei der die Geschwindigkeit bzw. Fließzeit überhaupt nicht berichtigt wurde, liefert einen Größtabfluß von 860 l/s, die einmal berichtigte Summenlinie liefert einen solchen von 835 l/s. Nach einer zweiten Berichtigung der Fließzeit fällt die Summenlinie in dem gewählten Beispiel mit der auf Grund der Proberechnung ermittelten Summenlinie zusammen. Bei dem gewählten sehr kleinen Entwässerungsgebiet ergibt die Summenlinie ohne Berichtigung der Fließzeit noch keine großen Fehler. Bei größeren Gebieten sind auch die Abweichungen entsprechend größer, so ergaben sich z. B. für ein anderes Entwässerungsgebiet von 1750 m Hauptsammlerlänge:

1. nach dem Summenlinienverfahren ein Größtabfluß von . . . . 1450 l/s
2. nach einer unberichtigten Summenlinie ein Größtabfluß von . . . . 1750 »

3. nach einer ersten Berichtigung der Fließzeit ein Größtabfluß von . . . . 1505 l/s
4. nach einer zweiten Berichtigung der Fließzeit ein Größtabfluß von . . . . 1460 »

Das dargestellte Summenlinienverfahren wird in ähnlicher Form
heute bei vielen kommunalen Bauverwaltungen zur Berechnung von Regenwasserableitungen benutzt. Die für das Verfahren erforderliche Arbeit ist
trotz der durchgeführten Vereinfachungen immer noch erheblich. Der
Haupteinwand gegen das graphische Verfahren, der immer erhoben wurde,
stützte sich darauf, daß der alte »Verzögerungsplan« bei zu großen Differenzen in den Abflußgeschwindigkeiten bzw. Fließzeiten mehrmals gezeichnet werden mußte (6). Diese mehrfache Auftragung der Summenlinie
infolge der Unterschiede zwischen angenommener und nachträglich ge-
fundener Abflußgeschwindigkeit wird aber vermieden, wenn, wie das gezeigt wurde, die Korrektur der Abflußgeschwindigkeit fortlaufend schon
bei der Auftragung der Summenlinie vorgenommen wird.

Den Bedenken, die weiterhin gegen das graphische Verfahren z. B.
von Imhoff (29) geltend gemacht worden sind, daß u. a. bei der Planung
von Entwässerungssystemen, die außer den bereits erschlossenen Bau-
gebieten auch noch Stadterweiterungsgebiete ohne festgelegten Bebauungs-
plan einschließen, der Anfangspunkt des graphischen Planes unbekannt sei,
kann das von Weiß (30) angegebene Näherungsverfahren entgegengesetzt
werden. Weiß schätzt für die mutmaßlich größten Längen der zukünftigen
Sammlergebiete (die Sammlergebiete werden nach den Geländegefällen
abgegrenzt) die Fließzeiten, legt der weiteren Rechnung eine Regendauer gleich der Fließzeit zugrunde und führt dann die so ermittelten
Fließzeiten und Niederschlagsmengen in den graphischen Plan ein. Diese
Annäherung erscheint bei der Planung von Entwässerungsleitungen in
Stadterweiterungsgebieten um so eher vertretbar, weil die sonst vorgeschlagenen einfacheren Berechnungsmethoden für Regenwasserabflüsse
sich ebenfalls auf die Annahme einer Regendauer gleich der Fließzeit
stützen.

Anderseits bleibt auch das Summenlinienverfahren, wie aus der hier
gegebenen Darstellung hervorgeht, ein Näherungsverfahren — allerdings
mit Ergebnissen einer großen Genauigkeit. Das Verfahren ist ein gutes
und anschauliches Verfahren, um die Form des Entwässerungsgebietes
zu berücksichtigen. Man wird also trotz des erheblichen Arbeitsaufwandes
dann nicht auf das Summenlinienverfahren verzichten können, wenn das
Entwässerungsgebiet von so unregelmäßiger Form ist, daß die Rechnung
mit der Annahme: Dauer des ungünstigsten Regens gleich der Fließzeit
zu größeren Fehlern führen würde (s. S. 41). Bei regelmäßigeren Entwässerungsgebieten wird jedoch der Aufwand an zeichnerischer Arbeit
gespart werden können, der mit der Auftragung der Summenlinie verbunden ist. In solchen Fällen sind einfachere Rechnungsverfahren am
Platze.

Die Zahlentafelrechnung.

Die einfachere Berechnung der Regenabflußmengen stützt sich auf die Annahme: Dauer des ungünstigsten Regens gleich Fließzeit. Die Rechnung wird in Zahlentafelform durchgeführt. Die Einzelflächen werden planimetriert und die Abflußmengen zunächst mit der Intensität des kürzesten Regens der Regenreihe errechnet. Die Abflußgeschwindigkeit im Kanal und die Fließzeit werden auf Grund der so gefundenen Abflußmengen berechnet. Solange die Summe der Fließzeiten die Dauer des kürzesten Regens der Regenreihe nicht überschreitet, bleibt die auf Grund der Intensität des kürzesten Regens berechnete Abflußmenge richtig.

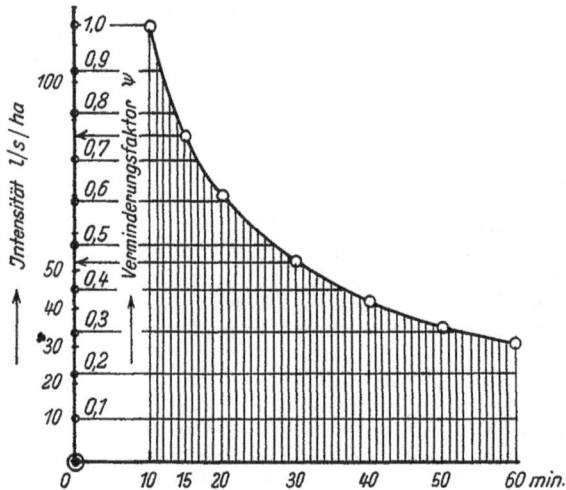

Abb. 23. Verminderungsfaktor

Zur Bildung der Summe der Fließzeiten dürfen natürlich nur jene Kanalstrecken herangezogen werden, die nacheinander, nicht aber die gleichzeitig durchflossen werden. Überschreitet die Summe der in Betracht kommenden Fließzeiten die Dauer des kürzesten Regens der Regenreihe (also z. B. die Dauer von 10 min), dann wird der Verminderungsfaktor ψ eingeführt, mit dem die bisherige Abflußmenge multipliziert werden muß, um den verminderten Größtabfluß Q_{max} zu finden. Der Verminderungsfaktor ψ entspricht dem »Zeitbeiwert« Imhoffs (29), nur ist in ihm keine Zunahme des Abflußbeiwertes mit der Zeit enthalten. Darauf wird weiter unten noch eingegangen. Der Verminderungsfaktor ψ wird aus der Kurve der Regenreihe abgegriffen. In der Kurve der Regenreihe ist ψ für die Intensität des kürzesten Regens $= 1$ gesetzt.

Bei einer Fließzeit von 15 min ergibt sich z. B. nach Abb. 23 ein Verminderungsfaktor von 0,76. für eine Dauer von 30 min ein solcher von

0,47 usw. Für die verminderte Wassermenge Q_{max} wird das Kanalprofil bestimmt und damit eine neue Abflußgeschwindigkeit v gefunden. Weicht diese Geschwindigkeit wesentlich von der zuerst angenommenen ab, so müssen Fließzeit und Wassermenge korrigiert werden, genau so wie das bei der Summenlinie geschah. Die Korrektur der Fließzeit ist ebenfalls wieder fortlaufend mit dem Aufstellen der Rechnungszahlentafel vorzunehmen.

Dem Leser wird nicht entgangen sein, daß das Summenlinienverfahren unter der Annahme Regendauer = Fließzeit zwangsläufig in diese einfachere Zahlentafelrechnung übergehen muß, da beide Verfahren auf denselben Grundlagen aufgebaut sind. Es ist nicht unmöglich, daß eine Weiterentwicklung der Zahlentafelrechnung etwa die Einführung eines »Formfaktors«, das graphische Summenlinienverfahren auch für ungleichmäßige Gebiete später einmal ersetzen kann.

Für die Zahlentafelrechnung kann folgender Kopf verwendet werden:

Zahlentafelkopf.

Nummer der Sielstrecke	Wassermenge der Einzelfläche	Summe der Einzelwassermengen	Sohlengefälle	Profil	Spiegelgefälle	v Geschwindigkeit	Kanallänge	t Fließzeit, einzeln	Summe der Fließzeiten	Verminderungsfaktor	Q_{max} Größtabfluß
	l/s	l/s	1 :	cm	1 :	m/s	m	sec	min		l/s

In der Zahlentafel 8 ist für das schon weiter oben (S. 56) erwähnte Entwässerungsgebiet von 1750 m Hauptsammlerlänge eine Kanalberechnung durchgeführt. Zum Vergleich sind die Ergebnisse nach dem Summenlinienverfahren der Zahlentafel beigefügt. Um wieder möglichst große Differenzen zu erhalten, wurde, genau so wie das schon bei dem Beispiel für das Summenlinienverfahren geschah, der 5-min-Regen als kürzester Regen der Regenreihe angenommen. Es muß aber nochmals betont werden, daß das nur für das eine hier behandelte Beispiel gelten soll. Die in Zahlentafel 8 durchgeführte Zahlentafelrechnung erklärt sich durch sich selbst, der Größtabfluß für das ganze Gebiet ergibt 1300 l/s gegenüber einem Größtabfluß von 1450 l/s nach der Summenlinie.

Der Verminderungsfaktor ψ entspricht unter Berücksichtigung einer Zunahme des Abflußbeiwertes mit der Zeit dem von Imhoff eingeführten »Zeitbeiwert«. Dieser Zeitbeiwert k soll nach Imhoff ein mit der Regendauer veränderlicher Beiwert sein, der nach allgemeinen Erfahrungs-

Zahlentafelrechnung. **Zahlentafel 8.**

Sammler	Sielstrecke Nr.	Einzelwassermenge q [l/s]	Summe d. Einzelwassermenge Σq [l/s]	Sohlengefälle 1:	Profil, φ [cm]	Spiegelgefälle 1:	Abflußgeschwindigkeit v [m/sec]	Kanallänge L [m]	Einzelfließzeit t [sec]	Summe der Fließzeiten Σt [min]	Verminderungsfaktor η'	Größtabfluß Qmax [l/s]	Summenlinie [l/s]	unberichtigte Summenlinie [l/s]	Summenlinie nach einer 1. Berichtigung [l/s]	Wie vor, nach einer 2. Berichtigung der Fließzeit [l/s]
Hauptsammler	1	32		250	25	375	0,65	100	154		1					
1. Nebensammler	2	32		200	25	375		90			1					
Hauptsammler »H.S.«	3a	22	86	300	30	150	1,20	60	50		1					
	3b	22	108	400	40	425	0,86	60	70							
	3c	22	130	400	45	550	0,82	80	98	6	0,98	127	130	130	130	130
2. Nebensammler »N.S. 2«	4	38	219	200	25	250	1,04	120	173		1					
H.S. 3	5	51		500	50	400		180		9	0,92	202	205	205	205	205
N.S. 3	6	24		250	25	650		50			1					
H.S.	7	118	361	500/600	75/50	450	1,08	170	157	11,8	0,86	310	312	325	312	312
H.S.	8	209	570	800	105/70	1400	0,78	150	193	15	0,78	443	450	465	452	450
N.S. 4	9a	32	64	150	25	370	0,65	60	92		1					
	9b	32	96	200	30	250	0,91	60	66		1					
	9c	32		300	35	250	1,01	60	60		1					
N.S. 4	10a	50	146	400	45	430	0,92	60	65							
	10b	50	196	500	50	450	0,98	100	102	6,5	0,975	191	190	190	190	190
Nebensammler zu N.S. 4	11a	32	64	200	25	370		60			1					
	11b	32	96	200	30	250		60			1					
	11c	32		300	35	250		60			1					
N.S. 4	12	94	386	500	90/60	925	0,86	150	174	9,5	0,92	355	360	360	360	360
N.S. 4	13	65	451	500	90/60	775	0,94	120	128	11,5	0,865	390	400	rd. 400	400	400

Vergleichswerte für Qmax (letzte vier Spalten: Summenlinie — unberichtigte Summenlinie — Summenlinie nach einer 1. Berichtigung — Wie vor, nach einer 2. Berichtigung der Fließzeit).

	No.															
H.S.	14	116	1137	1000	135/90	1500	0,88	100	114	17	0,72	820	875	910	880	875
N.S. 5	15	59		300	30	300		90			1	865	930	980	937	930
H.S.	16	130	1326	1000	135/90	1400	0,92	200	218	20,5	0,65					
N.S. 6	17	55		300	30	350		100			1	920	990	1100	1010	990
H.S.	18	186	1576	1000	135/90	1150	1,02	180	176	23,5	0,585					
N.S. 7	19	30		200	25	400		50			1	1030	1100	1240	1120	1100
H.S.	20	230	1836	1000	135/90	950	1,11	170	153	26	0,56	1050	1130	1320	1165	1130
H.S.	21	200	2036	1000	150/100	1600	0,92	150	163	29	0,515					
N.S. 8	22a	32		150	25	370	0,65	60	92		1					
	22b	32	64	200	30	250	0,91	60	66		1					
	22c	32	96	300	35	250	1,01	60	60		1					
N.S. 8	23a	50	146	400	45	430	0,92	60	65	6,5	1					
	23b	50	196	500	50	450	0,98	100	102		0,975	191	190	190	190	190
Nebensammler zu N.S. 8	24a	32		200	25	370		60			1					
	24b	32	64	200	30	250		60			1					
	24c	32	96	300	35	250		60			1					
N.S. 8	25	94	386	500	90/60	925	0,86	150	174	9,5	0,92	355	360	360	360	360
N.S. 8	26	65	451	500	90/60	775	0,94	120	128	11,5	0,865	390	400	∼400	400	400
H.S. Endstrecke	27	200	2680	1000	150/100	1050	1,15	150	130	31	0,485	1300	1450	1750	1505	1460

Zusammenstellung.

Größtabfluß nach der Zahlentafelrechnung . . . . Q_{max} = 1300 l/s
»   »   » Summenlinienverfahren . . . . »   = 1450 l/s
»   »   » unberichtigter Summenlinie . . . . »   = 1750 l/s
»   »   » Summenlinie mit einmal berichtigter Fließzeit . . . »   = 1505 l/s
»   »   » Summenlinie mit zweimal berichtigter Fließzeit . . . »   = 1460 l/s.

werten gebildet werden und folgende vier Einflüsse auf die Abflußverminderung umfassen soll:

1. Abnahme der Regenintensität mit der Regendauer,
2. ungleiche Regendichte, die bei größeren Gebieten in steigendem
   Maße abflußvermindernd wirkt,
3. Zunahme des Abflußbeiwertes mit der Regendauer, bei längeren
   Regen wird die Oberfläche mit Wasser gesättigt und der Abflußbeiwert steigt,
4. die Verminderung der Flutwelle des Regenabflusses, wenn die
   Regendauer kleiner ist als die Fließzeit.

Für die Konstruktion der Zeitbeiwertkurve (Abhängigkeit von der
Regendauer) nimmt Imhoff für die Verhältnisse im Emschergebiet an, daß
der Abfluß bei mittlerer Bebauungsdichte infolge der Durchfeuchtung der
Oberfläche in $2\frac{1}{2}$ h um die Hälfte des ursprünglichen Wertes steigt und
daß diese Steigerung allmählich eintritt. Ferner wird angenommen, daß
Regen unter 15 min Dauer als Berechnungsregen für städtische Entwässerungsnetze nicht in Frage kommen. Der Zeitbeiwert »1« wird deshalb für
den 15-min-Regen gewählt. So entsteht aus der Kurve der Regenreihe die
»Zeitbeiwertkurve«.

Da weiter unten gezeigt werden wird, daß eine Zunahme des Abflußbeiwertes mit der Regendauer zumal für kürzere Regendauern bis zu einer
Stunde keineswegs allgemeingültig bewiesen ist, in Danzig durchgeführte
Versuche vielmehr für kürzere Regendauern eine Abnahme des Abflußbeiwertes mit zunehmender Regendauer ergeben haben, soll hier auf die Einführung des Imhoffschen Zeitbeiwertes in die Berechnung verzichtet
werden.

Der kürzeste Berechnungsregen.

Zur Bestimmung der Dauer des kürzesten Regens einer Regenreihe,
nach dem die Anfangsstrecken der Entwässerungsgebiete berechnet werden,
soll die Zeitspanne betrachtet werden, die vergeht, bis das auf das Gelände
gefallene Regenwasser zum Abfluß in den Kanal und durch diesen hindurch
bis zum Tiefpunkt der Anfangsstrecke gelangt. Dabei muß beachtet
werden, daß bei Beginn des Regens zunächst die Oberfläche angefeuchtet,
etwa vorhandener Staub gebunden werden muß. Dann vergeht weiterhin
eine gewisse Zeit, bis das auf das Gelände gefallene Regenwasser sich das
zum Abfluß nötige Spiegelgefälle geschaffen bzw. den Abflußquerschnitt
gefüllt hat. Karg (31) hat diesen Vorgang »Stapelbildung« genannt und
seine Auswirkungen auf den Abflußvorgang zu berechnen versucht. Da
der Hälfte aller Starkregen bereits Vorläuferregen vorausgehen, die den
Einfluß der Stapelbildung aufheben oder doch abschwächen und dieser
Einfluß — da mit dem keiner Gesetzmäßigkeit unterliegenden örtlichen
Geländegefälle veränderlich — doch eigentlich nur abgeschätzt werden
kann, soll hier auf eine rechnerische Erfassung der Stapelbildung verzichtet

werden. Mit dieser Stapelbildung wird aber begründet werden können, daß Starkregen von kürzester Dauer aus der Berechnung von Regenwasserabflüssen ausgeschaltet werden. Für die Dauer des kürzesten Berechnungsregens ist dann wieder die Fließzeit des Regenwassers bis zum Tiefpunkt der Anfangsstrecke hin maßgebend.

Reinhold (11) hat für einen normalen Danziger Hausblock (Danzig hat im allgemeinen flache Geländegefälle) die Abflußzeit eines Wassertropfens vom Dach bis in den Kanal zu 7 min berechnet und deshalb für Danzig als kürzeste Dauer der Berechnungsregen 7 min festgelegt. Häufig wird die Dauer des kürzesten Berechnungsregens noch geringer, in vielen Städten z. B. mit 5 min angenommen. Die auf das Hinterland der Häuser fallenden Wassertropfen brauchen aber bei den flacheren Geländegefällen gegenüber dem steilen Dachgefälle in der Regel längere Zeit zum Abfluß und für die Kanalbemessung einer Anfangsstrecke muß auch die Fließzeit durch die Kanalstrecke selbst hindurch mit berücksichtigt werden. Die weiter vorne erwähnten Ausgleichsräume, die beim Beginn eines Regens im Kanalnetz vorhanden sind, lassen eine übertriebene Vorsicht bei der Wahl des kürzesten Berechnungsregens unangebracht erscheinen. Dazu kommt, daß nach den Erfahrungen an im Betriebe befindlichen Kanalisationen die Leistungsfähigkeit der Anfangsstrecken auch bei starken Regenfällen kaum voll ausgenutzt wird und daß anderseits vom Betriebsstandpunkte kleine Kanalprofile in den Anfangsstrecken erwünscht sind, um in Trockenwetterzeiten das Schmutzwasser zu besserer Schwimmtiefe zusammenzufassen und dadurch Ablagerungen tunlichst zu vermeiden. Die Annahme eines 7-min-Regens als kürzesten Berechnungsregen erscheint nach allem reichlich vorsichtig.

Andere Ingenieure haben deshalb auch eine längere Regendauer für den kürzesten Regen der Regenreihe angegeben, so Imhoff (29) die Dauer von etwa 15 min und Weiß (30), Köln, die Dauer von 20 min. Es muß deshalb ausreichend vorsichtig erscheinen, als **kürzeste Dauer** eines Berechnungsregens in Städten mit normalen Geländegefällen **10 min** anzunehmen. Nur in Ausnahmefällen in Städten des Berglandes mit ausgesprochen steilen Geländegefällen dürfte sich die Annahme von kürzesten Berechnungsregen bis zu etwa 5 min rechtfertigen lassen.

Der Abflußbeiwert.

Während über Regenintensität, Regendauer und Abflußvorgänge gute Beobachtungen und brauchbare Verfahren vorliegen, sind Feststellungen über den Abflußbeiwert bei städtischen Kanalisationen nur wenig gemacht. Trotzdem die richtige Festlegung des Abflußbeiwertes dieselbe Bedeutung besitzt für die Größe der tatsächlich abzuführenden Flutwelle, wie die Regenbeobachtungen und der Abflußvorgang, sind in der Literatur doch vielfach nur Schätzungen über die Größe des Abflußbeiwertes zu finden. Da sich solche Schätzungen in der Regel aber auf Erfahrungen an im Betrieb befindlichen Entwässerungsnetzen stützen, besitzen sie immerhin eine gewisse Bedeutung. Als ausreichende Abflußbeiwerte haben sich für länger dauernde Regenfälle erwiesen (nach »Hütte«, Bd. III):

Zahlentafel 9.

Oberflächenbefestigung	Abflußbeiwert
Dachflächen	0,85 bis 0,95
Fugendichtes Pflaster	0,7 » 0,9
Gewöhnliches Pflaster	0,5 » 0,7
Chaussierung und Mosaikpflaster	0,4 » 0,6
Promenadenbefestigung	0,15 » 0,3
Unbefestigte Flächen	0,1 » 0,2
Parkanlagen und Gärten	0 » 0,1

In größeren Gebieten ist die Oberflächenbefestigung nicht einheitlich. Ist der prozentuale Anteil der einzelnen Befestigungsarten an der gesamten Oberfläche bekannt, so kann der mittlere Abflußbeiwert mit den Werten der Zahlentafel 9 berechnet werden. Im übrigen können nach vorliegenden Erfahrungen für größere Gebiete die Abflußbeiwerte der Zahlentafel 10 als ausreichend angenommen werden.

Zahlentafel 10.

	Abflußbeiwert
Für dichtbebaute Stadtkerne	0,6 bis 0,8
Für geschlossene Bebauung	0,4 » 0,6
Für offene Bebauung	0,25 » 0,4
Übungsplätze, Bahnhöfe usw.	0.1 » 0,25
Anlagen, Gärten, Äcker	0,05 » 0,20
Wald	0,01 » 0,15

Je nach den Geländegefällen, der Bodenart, dem Baumbestande sind die größeren oder kleineren Werte zu nehmen. Starke Gefälle bedingen größere Abflußbeiwerte, ebenso undurchlässige Bodenarten. Der Baumbestand führt aber eine erhebliche Verminderung des Abflußbeiwertes herbei (s. S. 9). Dabei muß beachtet werden, daß nach Beobachtungen in Hamburg 93% aller Starkregen zur Laubzeit fallen; die restlichen 7% aller beobachteten Starkregen aber nicht zu den stärksten Regenfällen gehören (s. auch Beobachtungen Haeusers, S. 7).

Beobachtungen über tatsächlich abgeflossene Regenwassermengen sind u. a. von Lange (32) in Dresden angestellt worden. In Dresden sind Regenfälle und Abflußmengen in einem Entwässerungsgebiet von 11,26 ha während der 7 Sommermonate beobachtet worden. Von dem Gesamtgebiet sind 9,7 ha mit dichter Oberfläche (Gebäude, Pflaster- und Asphaltstraßen, gepflasterte Höfe) versehen und nur 1,56 ha mit offener Oberfläche (Kieswege, Rasenflächen usw.). Das Gebiet gehört also zweifellos zu den dicht bebauten. Das Gebiet hat im ganzen eine Geländeneigung von etwa 1:700.

Am unteren Ende des Sammlers befand sich ein Notauslaß mit selbst-schreibendem Pegel. Im Entwässerungsgebiet war ein selbstschreibender Regenmesser aufgestellt und aus dem Verhältnis der Niederschlagsmengen zu den Abflußmengen ist der Abflußbeiwert φ errechnet. Danach ergaben sich in Dresden in den Monaten April bis Oktober Abflußbeiwerte von 42 bis 48%, im Mittel von 45%. Lange gibt den in der gleichen Zeit beob-achteten, überhaupt höchsten Abflußbeiwert mit 60% an. Die Dresdener Beobachtungen lassen also die Werte der Zahlentafel 10 als Maximalwerte erscheinen, die den Berechnungen eine gewisse Sicherheit geben.

Weiter vorn ist bei der Besprechung der meteorologischen Grundlagen allgemein auf den Einfluß der Versickerung und Verdunstung, also auf den Abflußbeiwert, eingegangen. Der Abflußbeiwert hängt danach ab:

1. Von der örtlichen Gestaltung des Entwässerungsgebietes (Ober-flächenbefestigung, Geländegefälle, Gebietsform, Bodenart),
2. von der Jahreszeit und den klimatischen Verhältnissen,
3. von der Regendauer und Regenstärke.

Die Bestimmung des Abflußbeiwertes ist also dadurch kompliziert, daß der Abflußbeiwert auch für bestimmte Gebiete nicht konstant, sondern von der Jahreszeit, der Regendauer und der Regenintensität abhängig ist.

Die Abhängigkeit des Abflußbeiwertes von der Jahreszeit.

Nach den Angaben von Bülows (33) sind von der Emschergenossen-schaft in dem Gebiete des Bernebaches bei Essen die Abflußmengen bei verschiedenen Regenfällen gemessen und danach die Abflußbeiwerte be-rechnet worden. Diese Untersuchungen ergaben, daß »je länger der Regen dauert, der Abflußbeiwert für den Scheitel im Sommer von 0,09 bis 0,68 zunimmt, im Winter dagegen in demselben Zeitraum von 0,97 bis 0,66 abnimmt«.

An einer anderen Stelle gibt von Bülow für ein 540 km² großes Emscher-gebiet den Sommer-Abflußbeiwert mit 0,138 und den Winter-Abflußbei-wert mit 0,485 an. Weiter vorn (S. 8) ist gesagt worden, daß in den Fluß-gebieten der Memel, Weichsel und Weser der Winter-Abflußbeiwert das Zwei- und Dreifache des Sommer-Abflußbeiwertes beträgt. Wenn auch die hier an größeren Fluß- oder Bachgebieten festgestellten Beobachtungs-werte nicht absolut auf städtische Kanalisationen übertragen werden können, so ist es doch zweifellos, daß der Abflußbeiwert im Winter wesent-lich größer ist als im Sommer. Ob daraus ohne weiteres gefolgert werden kann, daß bei Entwässerungsentwürfen sowohl der Abfluß der Sommer-regen mit Sommerabflußbeiwert als auch der Abfluß der Winterregen mit Winterabflußbeiwert untersucht werden muß — da infolge des größeren Abflußbeiwertes die schwächeren Winterregen u. U. größere Abflußmengen liefern könnten als die Sommerregen — soll im folgenden untersucht werden.

Aus dem Gesetz, daß die Dauer des ungünstigsten Berechnungsregens mit der Größe des Entwässerungsgebietes und damit mit der Sammler-länge wächst, die Intensität des Berechnungsregens also abnimmt, folgt, daß länger dauernde Regen nur für größere Entwässerungsgebiete maßgebend sind. Solche länger dauernden Regen nähern sich aber schon mehr dem Charakter der Winterregen, und es ist evident, daß für große Entwässerungsgebiete deshalb tatsächlich der Winterregen mit dem Winterabflußbeiwert u. U. die größte Flutwelle liefern kann. Je größer das Einzugsgebiet eines Regenwassersammlers ist, desto ungünstiger wirken die längeren Winterregen auf die Abflußmengen ein und desto mehr sinkt die Bedeutung der kurzen, heftigen Starkregen des Sommers.

Größere Einzugsgebiete für die die schwächeren Winterregen mit dem größeren Winterabflußbeiwert den größten Abfluß liefern könnten, sind in städtischen Kanalnetzen aber äußerst selten, da als Einzugsgebiet ja nicht das gesamte Kanalnetz, sondern nur das Einzugsgebiet des einzelnen Regenauslasses in Frage kommt. Dazu kommt, daß sich bei der an sich schon relativ dichten Oberfläche in unseren Städten der Einfluß des Winters auf den Abflußbeiwert nicht so entscheidend auswirken kann, wie das z. B. in nur landwirtschaftlich genutztem Gelände geschieht. Der von Bülow gemachte Vorschlag einer getrennten Berechnung der Abflußmengen nach Sommer- und Winterregen hat infolgedessen für städtische Kanalisationen nur geringe Bedeutung; wohl aber muß er bei den Entwürfen größerer Bachregulierungen, die häufig im Zusammenhang mit städtischen Kanalisationen ausgeführt werden, beachtet werden. Bachläufe werden ja in der Regel nicht durch irgendwelche Regenauslässe entlastet und ihre Entwässerungsgebiete werden dadurch bis zur Mündung in einen größeren Vorfluter relativ groß. Das bedingt wieder lange Fließzeiten und länger dauernde Berechnungsregen. Für Bachregulierungen kann also sehr wohl eine Rechnung mit schwächeren Winterregen und größerem Abflußbeiwert ungünstigere Abflußmengen liefern als die Rechnung mit den kurzen, heftigen Sommerregen und geringerem Sommerabflußbeiwert.

Die Abhängigkeit des Abflußbeiwertes von der Jahreszeit muß aber auch bei Versuchen zur Bestimmung des Abflußbeiwertes beachtet werden. Es geht nicht an, Abflußbeiwerte, die aus im Winter durchgeführten Versuchen abgeleitet sind, auf Sommerregen anzuwenden. Die Auswertung von Versuchen zur Bestimmung des Abflußbeiwertes muß also getrennt nach den Jahreszeiten geschehen.

Die Ausrechnung von Abflußbeiwerten bei Schneeschmelze hat für die Grundlagen eines Kanalisationsentwurfes nur theoretischen Wert. Für städtische Entwässerungsgebiete liefert die Schneeschmelze im Gegensatz zu größeren Flußgebieten nicht entfernt so große Abflußmengen, wie die starken Sommerregen, trotzdem bei der Schneeschmelze u. U. die Versickerung gleich Null sein kann.

Die Abhängigkeit des Abflußbeiwertes von Regendauer und Regenstärke.

Der Abflußbeiwert ist, wie schon bei der Besprechung der meteorologischen Grundlagen auseinandergesetzt wurde, für kurze oder länger dauernde Regen nicht gleich. Da die Regenintensität, von der der Abfluß-beiwert abhängt, gleichfalls eine Funktion der Regendauer ist, so kann allgemein geschrieben werden:

$$\left.\begin{array}{l} \varphi = f'\left(t_r, i_r\right) \\ i_r = f''\left(t_r\right) \end{array}\right\} \quad \varphi = f\left(t_r\right).$$

Weiter vorn (S. 9) ist allgemein abgeleitet worden, daß der Abfluß-beiwert φ mit der Regenintensität, aber auch mit der Regendauer steigt. Da anderseits die Regenintensität mit der Regendauer fällt, ist es zweifel-haft, ob bei der Bildung einer Abhängigkeit des Abflußbeiwertes von der Regendauer [$\varphi = f\left(t_r\right)$], bei der die Abhängigkeit der Regenintensität von der Regendauer ebenfalls berücksichtigt wird, der Abflußbeiwert φ mit der Regendauer steigt oder fällt.

In der Regel wird eine Steigerung des Abflußbeiwertes mit der Regen-dauer angenommen, so von Imhoff (29) bei der Bildung des Zeitbeiwertes, von Weiß (30), Geißler (34) u. a.

Versuche, die zur Klärung dieser Frage herangezogen werden können, sind von Reinhold (35) in Danzig durchgeführt worden. Bei diesen Versuchen wurde die bekannte Potenzformel zugrunde gelegt:

$$10) \quad \varphi = \mu \cdot i^x \cdot t^y,$$

in der die Koeffizienten μ, x und y von den örtlichen bzw. klimatischen Verhältnissen abhängen.

Die Danziger Versuche wurden auf dem Hofe des Kanalpumpwerkes in Neufahrwasser mit einer 200 m² großen Probefläche mit einem Gefälle von 1:50 durchgeführt, auf der verschiedene Oberflächenbefestigungen aufgebracht wurden. Die gefallenen Regenmengen wurden mit einem Regenschreiber und die abgeflossenen Wassermengen mit Meßwehr und Pegel festgestellt.

Nach den Danziger Versuchen haben die Exponenten der Gleichung (10) die Werte $x = 0{,}567$ und $y = 0{,}228$. Damit geht Gleichung (10) über in Gleichung (10a):

$$10\,a) \quad \varphi = \mu \cdot i^{0{,}567} \cdot t^{0{,}228},$$

worin als Beiwert μ für Kopfsteinpflaster mit Fugenverguß:

$$\mu = 0{,}0238,$$

für Kopfsteinpflaster ohne Fugenverguß:

$$\mu = 0{,}0214,$$

für eine Sandfläche:

$$\mu = 0{,}0064$$

gemessen ist.

Nach diesen Versuchsergebnissen schätzt Reinhold für größere Ge-biete die folgenden Beiwerte μ, die er auch glaubt auf andere deutsche Städte übertragen zu können:

5*

a) für dichtbebaute Flächen in der Innenstadt . . $\mu = 0{,}022$
b) für halbdichtbebaute, geschlossene Vorstädte . $\mu = 0{,}0169$
c) für offen bebaute Flächen . . . . $\mu = 0{,}0117$
d) für unbebautes Gelände . . . . $\mu = 0{,}0065$.

Unter Berücksichtigung der für Danzig weiter vorn (S. 30) angegebenen Regenreihe

$$i = \frac{500}{t^{0{,}712}}$$

wird Gleichung (10a) zu:

$$\varphi = \mu \cdot \left(\frac{500}{t^{0{,}712}} \right)^{0{,}567} \cdot t^{0{,}228}$$

$$\varphi = \mu \cdot \frac{500^{0{,}567}}{t^{0{,}403}} \cdot t^{0{,}228} = \mu \cdot \frac{33{,}3}{t^{0{,}175}} = \frac{100 \cdot \mu}{3 \cdot t^{0{,}175}}$$

11) $\quad \varphi = \dfrac{\lambda}{t^{0{,}175}}$, worin $\lambda = \dfrac{100 \cdot \mu}{3}$.

Danach ist λ für dichtbebaute Flächen. . . . 0,733,
für geschlossene Vorstädte . . . 0,563,
für offen bebaute Flächen . . . 0,390,
für unbebautes Gelände . . . . 0,217 zu setzen.

Der Abflußbeiwert sinkt demnach mit zunehmender Regendauer. Dem Verfasser scheint die Abnahme des Abflußbeiwertes nach Maßgabe der Näherungsformel

$$\varphi = \frac{\lambda}{t^{0{,}175}}$$

mit sinkender Regenintensität, also zunehmender Regendauer nur bis zu einer bestimmten, begrenzten Regendauer gültig zu sein — angenommen etwa bis zu 40 bis 60 min Dauer —, dann müßte sich, da die Intensitäts-

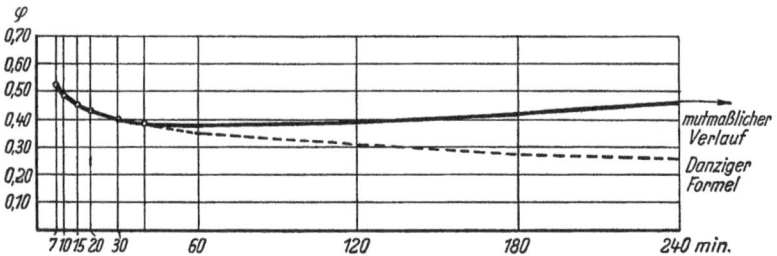

Abb. 24. Abflußbeiwert φ in Abhängigkeit von der Regendauer.

unterschiede für gleiche Zeitspannen mit zunehmender Regendauer immer kleiner werden, der Einfluß der Sättigung des Bodens mehr bemerkbar machen, so daß der Abflußbeiwert zunächst etwa gleichbleibend und weiterhin sogar allmählich steigend anzunehmen wäre, etwa wie das Abb. 24 zeigt.

In städtischen Kanalnetzen sind Fließzeiten durch ein Regenauslaßgebiet des Mischsystems oder ein Regenwassersammlergebiet des Trennsystems von über 60 min Dauer schon weniger häufig, so daß eine Zunahme des Abflußbeiwertes mit der Regendauer für städtische Kanalnetze u. U. keine große Bedeutung mehr besitzt. Es soll aber noch einmal betont werden, daß der Verlauf des Abflußbeiwertes bei verschiedener Regendauer in Abb. 24 nur mutmaßlich angegeben ist.

Die Danziger Versuche sind mit einer im Vergleich zu den tatsächlichen Entwässerungsgebieten sehr kleinen Oberfläche durchgeführt. Es ist notwendig, solche Versuche in größerem Maßstabe an im Betriebe befindlichen Kanalnetzen zu wiederholen. Darauf hat auch Reinhold hingewiesen. Bei diesen Versuchen ließe sich auch die von Bülow mit seinen Untersuchungen im Emschergebiet (S. 65) angeschnittene Frage weiterverfolgen, wie die Jahreszeiten die Abhängigkeit des Abflußbeiwertes von der Regendauer beeinflussen.

Die Entwässerungsgebiete dürfen für solche Versuche aber nicht zu groß gewählt werden, damit sich der Einfluß der Abflußverminderung infolge der kurzen Regendauer noch nicht auswirken kann. Wird für den Oberflächenabfluß bis zum Kanal eine Abflußzeit von 7 min angenommen und hat der kürzeste Regen der Regenreihe 10 min Dauer, so darf die Fließzeit im Kanal nicht wesentlich über 3 min hinaus gehen. Damit wird eine Kanallänge von 100 m schon zur oberen Grenze für die Gebietsgröße. Am besten eignen sich Sammlerendstrecken, in die ein kleines Meßwehr und ein selbstschreibender Pegel eingebaut werden müssen. Die Aufzeichnungen eines an Ort und Stelle aufzustellenden Regenschreibers und die aus den Pegelkurven zu berechnenden jeweiligen Abflußmengen ermöglichen dann eine genaue Berechnung des Abflußbeiwertes zu jedem beliebigen Zeitpunkt und für jede beliebige Regendauer und Regenstärke.

Das hier über die Abhängigkeit des Abflußbeiwertes vorgetragene Material zeigt, daß es schwierig ist, für die Wahl des Beiwertes ein Rezept mit feststehenden Werten zu geben. Die in den Zahlentafel 9 und 10 angegebenen Werte sind aber immerhin vorsichtig gewählt, sie geben deshalb den Berechnungen eine Sicherheit. Eine Berücksichtigung der Abhängigkeit des Abflußbeiwertes von Regendauer und Regenstärke wird so lange unsicher bleiben, wie Ergebnisse von Versuchen an im Betriebe befindlichen Entwässerungsnetzen nicht in ausreichendem Maße vorliegen. Die Allgemeingültigkeit der vielfach gemachten Annahme einer Zunahme des Abflußbeiwertes mit der Regendauer muß zunächst angezweifelt werden. Dem Verfasser scheint es richtiger, den Abflußbeiwert so lange als mit der Regendauer und Regenstärke unveränderlich anzunehmen, bis neue Versuchsergebnisse vorliegen, die genauere Berechnungen zulassen.

Literatur.

1. Wiedergegeben in Mombert, »Niederschlag und Abfluß deutscher Flüsse«. Deutsche Wasserwirtschaft 1928, Heft 1 u. 2.
2. Hellmann, »Die Niederschläge in den norddeutschen Stromgebieten«. Berlin 1906.
3. Haeuser, »Kurze, starke Regenfälle in Bayern«. Abhandlungen der bayerischen Landesstelle für Gewässerkunde. München 1919, Nachtrag 1922.
4. Hellmann, »Klimaatlas von Deutschland«.
5. Wussow, »Deutsche Wasserwirtschaft« 1923, Heft 24 u. 25 bzw. »Zeitschrift des deutschen Wasserwirtschafts- und Wasserkraftverbandes« 1921.
6. Siehe auch Weyrauch, »Hydraulisches Rechnen«. Stuttgart 1921.
7. Aus Krüger, »Kulturtechnischer Wasserbau«. Berlin 1921.
8. Breitung, »Die Auswertung von Regenbeobachtungen«. Leipzig 1912.
9. Eigenbrodt, »Über die Bestimmung der in Sielnetzen abzuführenden größten sekundlichen Regenwassermengen«. Gesundh.-Ing. 1922.
10. Reinhold, »Die Ermittlung der Zuflußstärkenlinie bei der Bemessung von Regenwasserkanälen«. Gesundh.-Ing. 1926, Heft 41.
11. Reinhold, »Die Bemessung von Regenwasserkanälen mit Hilfe nomographischer Verfahren«. Gesundh.-Ing. 1927, Heft 17, 26 u. 31.
12. Heydt, »Die Wirtschaftlichkeit bei den Stadtentwässerungsverfahren«. Mannheim 1908.
13. Hahn und Langbein, »50 Jahre Berliner Stadtentwässerung«. Berlin 1928.
14. Genzmer, »Entwässerung der Städte«. Handbuch der Ingenieurwissenschaften. Leipzig 1924.
15. Thormann, »Einheitliche Grundlagen für die Berechnung von Regenwasserkanälen«. Zentr.-Bl. d. Bauverwaltg. 1923, Heft 17 u. 18.
16. Kehr, »Die Kanalisation von Bad Rehburg«. Techn. Gem.Bl. 1929, Heft 22.
17. Specht, »Größte Regenfälle in Bayern und ihre Verwertung zu Hochwasser-Berechnungen«. München 1915.
18. Siehe auch Schrank, »Kritische Bemerkungen zu den neuen Verzögerungsberechnungsmethoden usw.« Gesundh.-Ing. 1914, S. 415.
19. Schrank, »Ausnutzung der freien Räume in Sielnetzen usw.« Gesundh.-Ing. 1914, S. 560.
20. Sprengel, Techn. Gem.Bl. 1914/15, Heft 3.

21. Voit, »Größtabflußmengen bei Sturzregen und ihre Abhängigkeit von der Gewitterrichtung«. Z. d. Österr. Ing.-Arch.-V. 1931, Heft 21 bis 26.

22. Range, »Über die zeichnerische Bestimmung der Größtabflußmengen in städtischen Kanalnetzen«. Z. d. Österr. Ing.- u. Arch.-V. 1908, Heft 6 u. 7.

23. Schrank, »Einfache Mittel zur Bestimmung der Größtabflüsse in Städtekanalisationen«. Gesundh.-Ing. 1914, S. 709.

24. Schulze, »Berechnung städtischer Entwässerungskanäle«. Techn. Gem.Bl. 1911, S. 24 u. 239.

25. Kalbfuß, »Analytische und graphische Berechnungen städtischer Entwässerungsanlagen«. Techn. Gem.Bl. 1912, Heft 23.

26. Judt, »Über Verzögerung in Regenwasserableitungen«. Gesundh.-Ing. 1914, Heft 34.

27. Vikari, »Die graphische Berechnung städtischer Kanalnetze nach Ingenieur Hauff, Mainz«. Gesundh.-Ing. 1909, S. 569.

28. Siehe auch Kehr, »Wirtschaft und Technik bei der Planung von Städtekanalisationen«. Dissertation T. H. Hannover 1929.

29. Siehe auch Imhoff, »Taschenbuch der Stadtentwässerung«. München u. Berlin 1925.

30. Weiß, »Über das Entwerfen von Entwässerungsanlagen größerer Stadterweiterungsgebiete«. Gesundh.-Ing. 1919, Heft 48.

31. Karg, »Regenabfluß bei Stadtentwässerungen«. Gesundh.-Ing. 1932, Heft 39.

32. Lange, »Untersuchung der Abflußverhältnisse in einem Teileinzugsgebiet von Dresden«. Gesundh.-Ing. 1925, Heft 48.

33. »25 Jahre Emschergenossenschaft«. Selbstverlag der Emschergenossenschaft 1925.

34. Geißler, »Zum Bewerten von Regenwasserabflußmengen aus städtischen Siedlungen«. Bautechnik 1931, Heft 26.

35. Reinhold, »Beitrag zur Bestimmung des Abflußbeiwertes bei Regenfällen«. Bautechnik 1929, Heft 33 u. 35.